王小波　主编

中国海域海岛地名志

海南卷

海洋出版社

2020 年 · 北京

图书在版编目（CIP）数据

中国海域海岛地名志．海南卷／王小波主编．—北京：海洋出版社，2020.1

ISBN 978-7-5210-0581-3

Ⅰ．①中… Ⅱ．①王… Ⅲ．①海域—地名—海南②岛—地名—海南 Ⅳ．①P717.2

中国版本图书馆 CIP 数据核字（2020）第 008015 号

主　　编：王小波（自然资源部第二海洋研究所）
责任编辑：杨传霞　赵　娟
责任印制：赵麟苏
海洋出版社 出版发行
http：//www.oceanpress.com
北京市海淀区大慧寺 8 号　邮编：100081
廊坊一二〇六印刷厂印刷
2020 年 1 月第 1 版　2020 年 11 月河北第 1 次印刷
开本：889mm×1194mm　1/16　印张：10.5
字数：160 千字　定价：150.00 元
发行部：010-62100090　邮购部：010-62100072
总编室：010-62100034
海洋版图书印、装错误可随时退换

《中国海域海岛地名志》

总编纂委员会

《中国海域海岛地名志·海南卷》

编纂委员会

主　编：韩有定　洪海凌

副主编：陈春华　石海莹　麻德明

编写组：

自然资源部第一海洋研究所：赵晓龙　黄　沛

海南省海洋与渔业科学院：余扬晖　刘建波　兰建新　丁翔宇　张剑利　邱立国　叶翠杏　纪桂红

海南省海洋监测预报中心：王同行　许小贝　张金华　聂　瑞　吕宇波　孙士超　王　芬　周湘彬　李孟植　冯朝材

前　言

我国海域辽阔，海域海岛地理实体众多，在历史的长河中产生了丰富多彩、类型各异的地名，是重要的基础地理信息。开展全国海域海岛地名普查工作，对于维护国家主权和领土完整，巩固国防建设，促进经济社会协调发展，方便社会交流交往、人民群众生产生活，提高政府管理水平和公共服务能力，都具有十分重要的意义。

20世纪80年代，中国地名委员会组织开展了我国第一次地名普查，对海域地名也进行了普查（台湾省及香港、澳门地区的地名除外），并进行了地名标准化处理。经过近30年的发展，在海域海岛地理实体中，有实体无名、一实体多名、多实体重名的现象仍然不同程度存在；有些地理实体因人为开发、自然侵蚀等原因已经消失，但其名称依然存在。在海洋经济已经成为拉动我国国民经济发展有力引擎的新形势下，特别是党的十九大报告提出“坚持陆海统筹，加快建设海洋强国”，开展海域海岛地名普查及标准化工作刻不容缓。

根据《国务院办公厅关于开展第二次全国地名普查试点的通知》（国办发〔2009〕58号）精神和《第二次全国地名普查试点实施方案》的要求，原国家海洋局于2009年组织开展了全国海域海岛地名普查工作，对海域、海岛及其他地理实体展开了全面的调查，空间上涵盖了中国所有海岛，获取了我国海域海岛地名的基本情况。全国海域海岛地名普查工作得到了沿海省、直辖市、自治区各级政府的大力支持，11个沿海省（市、区）的各级海洋主管部门、37家海洋技术单位、数百名调查人员投入了这项工作，至2012年基本完成。对大陆沿海数以万计的海岛进行了现场调查，并辅以遥感影像对比；对港澳台地区的海岛地理实体进行了遥感调查，并现场调查了西沙、南沙的部分岛礁，获取了大量实地调查资料和数据。这次普查基本摸清了全国海域、海岛和其他地理实体的数量与分布，了解了地理实体名称含义及历史沿革，掌握了地理实体的开发利用情况，并对地理实体名称进行了标准化处理。《中国海域海岛地名志》即是全国海域海岛地名普查工作成果之一。

地名志是综合反映地名的专著，也是标准化地名的工具书。1989 年，中国地名委员会以第一次海域地名普查成果为基础，编纂完成《中国海域地名志》，收录中国海域和海岛等地名 7 600 多条。根据第二次全国海域海岛地名普查工作总体要求，为了详细记录全国海域海岛地名普查成果，进一步加强海域海岛名称管理，传承海域海岛地名历史文化，维护国家海洋权益，原国家海洋局组织成立了《中国海域海岛地名志》总编纂委员会，经过沿海省（市、区）地名普查和编纂人员三年的共同努力，于 2014 年编纂完成了《中国海域海岛地名志》初稿。2018 年 6 月 8 日，国家海洋局、民政部公布了《我国部分海域海岛标准名称》。编委会依据公布的海域海岛标准名称，对初稿进行了认真的调整、核实、修改和完善，最终编纂完成了卷帙浩繁的《中国海域海岛地名志》。

《中国海域海岛地名志》由辽宁卷，山东卷，浙江卷，福建卷，广东卷，广西卷，海南卷和河北、天津、江苏、上海卷共 8 卷组成。其中河北、天津、江苏、上海合为一卷，浙江卷分为 3 册，福建卷分为 2 册，广东卷分为 2 册，全国共 12 册。共收录海域地理实体地名 1 194 条、海岛地理实体地名 8 923 条，内容涵盖了地名含义及沿革、位置面积资源等自然属性、开发利用现状等社会经济属性以及其他概况。所引用的数据主要为现场调查所得。

《中国海域海岛地名志》是全面系统记载我国海域海岛地名的大型基础工具书，是我国海洋地名工作一项有意义的文化工程。本书的出版，将为沿海城乡建设、行政管理、经济活动、文化教育、外事旅游、交通运输、邮电、公安户籍、地图测绘等事业，提供历史和现实的地名资料；同时为各企事业单位和广大读者提供地名查询服务，并为海洋科技工作者开展海洋调查提供基础支撑。

本书是《中国海域海岛地名志·海南卷》，共收录海域地理实体地名 44 条，海岛地理实体地名 585 条。本卷在搜集材料和编纂过程中，得到了原海南省海洋与渔业厅、海南省各级海洋和地名有关部门，以及海南省海洋开发规划设计研究院、海南省海洋监测预报中心、自然资源部第一海洋研究所、自然资源部第二海洋研究所、自然资源部第三海洋研究所、国家卫星海洋应用中心、国家海洋信息中心、国家海洋技术中心等海洋技术单位的大力支持。在此我们谨向为编纂本书提供帮助和支持的所有领导、专家和技术人员致以最深切的谢意！

鉴于编者知识和水平所限，书中错漏和不足之处在所难免，尚祈读者不吝指正。

《中国海域海岛地名志》总编纂委员会

2019 年 12 月

凡　例

1. 本志主要依据国家海洋局《关于印发〈全国海域海岛地名普查实施方案〉的通知》（国海管字〔2010〕267 号）、《国家海洋局海岛管理司关于做好中国海域海岛地名志编纂工作的通知》（海岛字〔2013〕3 号）、《国家海洋局民政部关于公布我国部分海域海岛标准名称的公告》（2018 年第 1 号）进行编纂。

2. 本志分前言、凡例、目录、地名分述和附录。

3. 地名分述分海域地理实体、海岛地理实体两部分。海域地理实体包括海、海湾、海峡、水道、滩、半岛、岬角、河口；海岛地理实体包括群岛列岛、海岛。

4. 按条目式编纂。

（1）海域地理实体的条目编排顺序，在同一省份内，按市级行政区划代码由小到大排列，在县级行政区域内按地理位置自北向南、自西向东排列。

（2）群岛列岛的条目编排顺序，原则上在省级行政区域内按地理位置自北向南、自西向东排列；有包含关系的群岛列岛，范围大的排前。

（3）海岛的条目编排顺序，在同一省份内，按市级行政区划代码由小到大排列，在县级行政区域内原则上按地理位置自北向南、自西向东排列。有主岛和附属岛的，主岛排前。

5. 入志范围。

（1）海域地理实体部分。

海：2018 年国家海洋局、民政部公布的《我国部分海域海岛标准名称》（以下简称《标准名称》）中收录的海。

海湾：《标准名称》中面积大于 5 平方千米的海湾和小于 5 平方千米的典型海湾。

海峡：《标准名称》中收录的海峡。

水道：《标准名称》中最窄宽度大于 1 千米且最大水深大于 5 米的水道和已开发为航道的其他水道。

滩：《标准名称》中直接与陆地相连，且长度大于 1 千米的滩。

半岛：《标准名称》中面积大于 5 平方千米的半岛。

岬角：《标准名称》中已开发利用的岬角。

河口：《标准名称》中河口对应河流的流域面积大于 1 000 平方千米的河口和省级界河口。

（2）海岛地理实体部分。

群岛、列岛：《标准名称》中大陆沿海的所有群岛、列岛。

海岛：《标准名称》中收录的海岛。

6. 实事求是地记述我国海域地理实体、海岛地理实体的地名含义及历史沿革；全面真实地反映地理实体的自然属性和社会经济属性。对相关属性的描述侧重当前状态。上限力求追溯事物发端，下限至 2011 年年底，个别特殊事物和事件适当下延。

7. 录用的资料和数据来源。

地名的含义和历史沿革，取自正史、旧志、地名词典、档案、文件、实地调访以及其他地名资料。

群岛列岛地理位置为遥感调查。海岛地理位置为现场实测，并与遥感调查比对。

岸线长度、近岸距离、面积，为本次普查遥感测量数据。

最高点高程，取自正史、旧志、调查报告、现场实测等。

人口，取自现场调查、民政部门登记资料以及官方网站公布数据。

统计数据，取自统计公报、年鉴、期刊等公开资料。

8. 数据精确度按以下位数要求。如引用的数据精确度不足以下要求位数的，保留引用位数；如引用的数据精确度超过要求位数的，按四舍五入原则留舍。

地理位置经纬度精确到分位小数点后一位数。

湾口宽度、海峡和水道的最窄宽度、河口宽度，小于 1 千米的，单位用“米”，精确到整数位；大于或等于 1 千米的，单位用“千米”，精确到小数点后两位。

岸线长度、近陆距离大于 1 千米的，单位用“千米”，保留两位小数；小于1千米的，单位用“米”，保留整数。

面积大于0.01平方千米的，单位用“平方千米”，保留四位小数；小于0.01平方千米的，单位用“平方米”，保留整数。

高程和水深的单位用“米”，精确到小数点后一位数。

9. 地名的汉语拼音，按1984年12月25日中国地名委员会、中国文字改革委员会、国家测绘局颁布的《中国地名汉语拼音字母拼写规则（汉语地名部分）》拼写。

10. 采用规范的语体文、记述体。行文用字采用国家语言文字工作委员会最新公布的简化汉字。个别地名，如“硳”“砛”“沥”等方言字、土字因通行于一定区域，予以保留。

11. 标点符号按中华人民共和国国家标准《标点符号用法》（GB/T 15834－1995）执行。

12. 度量衡单位名称、符号使用，采用国务院1984年3月4日颁布的《中华人民共和国法定计量单位的有关规定》。

13. 地名索引以汉语拼音首字母排列。

14. 本志中各分卷收录的地理实体条目和各地理实体相对位置的表述，不作为确定行政归属的依据。

15. 本志中下列用语的含义：

海，是指海洋的边缘部分，是大洋的附属部分。

海湾，是指海或洋深入陆地形成的明显水曲，且水曲面积不小于以口门宽度为直径的半圆面积的海域。

海峡，是指陆地之间连接两个海或洋的狭窄水道或狭窄水面。

水道，是指陆地边缘、陆地与海岛、海岛与海岛之间的具有一定深度、可通航的狭窄水面。一般比海峡小或是海峡的次一级名称。

滩，是指高潮时被海水淹没、低潮时露出，并与陆地相连的滩地。根据物质组成和成因，可分为海滩、潮滩（粉砂淤泥质）和岩滩。

半岛，是指伸入海洋，一面同大陆相连，其余三面被水包围的陆地。

岬角，是指突入海中、具有较大高度和陡崖的尖形陆地。

河口，是指河流终端与海洋水体相结合的地段。

海岛，是指四面环海水并在高潮时高于水面的自然形成的陆地区域。

有居民海岛，是指属于居民户籍管理的住址登记地的海岛。

常住人口，是指户口在本地但外出不满半年或在境外工作学习的人口与户口不在本地但在本地居住半年以上的人口之和。

群岛，是指彼此相距较近的成群分布的岛群。

列岛，一般指线形或弧形排列分布的岛链。

目　录

上篇　海域地理实体

第一章　海

第二章　海　湾

第三章　海　峡

第四章　水　道

第五章　岬　角

第六章　河　口

下篇　海岛地理实体

第七章　群岛列岛

第八章　海　岛

上篇

海域地理实体

HAIYU DILI SHITI

第一章　海

南海（Nán Hǎi）

北纬 1°12.0′— 23°24.0′、东经 99°00.0′— 122°08.0′。南海北依中国大陆和台湾岛，西枕中南半岛和马来半岛，南达纳土纳群岛的宾坦岛，东依菲律宾群岛。东北部有巴士海峡与太平洋相通，东有民都洛海峡、巴拉巴克海峡与苏禄海相通，西南有马六甲海峡与印度洋相连。

南海之名古已有之，在我国古代文献中并不少见。《山海经·大荒南经》中有“南海渚中，有神，人面，珥两青蛇，践两赤蛇，曰不廷胡余”。《庄子·内篇·应帝王·七》有“南海之帝为鯈，北海之帝为忽”。《庄子·外篇·秋水·四》有“蛇谓风曰：‘……今子蓬蓬然起于北海，蓬蓬然入于南海，而似无有，何也？’”可见先秦时已有南海之名。到了秦代，秦始皇派将军赵佗越南岭“略取陆梁地”，并于秦始皇三十三年（前 214 年）置桂林、象郡、南海三郡，南海郡即因郡地傍南海而名之。秦末赵佗称王，在该区建南越国。汉武帝元鼎六年（前 111 年）灭南越，复设南海郡，东汉因之。从此南海之名就定下来了。到了晋代，南海之名屡屡出现在文献中，如晋代张华所著的《博物志》中多处出现有关南海的记载。《博物志·地理略》说：“五岭已前至于南海，负海之邦，交趾之土，谓之南裔。”《博物志·水》中说：“南海短狄，未及西南夷以穷断，今渡南海至交趾者，不绝也。”在《博物志·外国》中说：“三苗国，昔唐尧以天下让于虞，三苗之民非之。帝杀，有苗之民叛，浮入南海，为三苗国。”

在我国古代文献中还有许多关于“南海”的记载，但它并非指现代的南海，而是另有所指。如《禹贡》中有“导黑水至于三危，入于南海”，此处的南海是指居延海。在《山海经》中多次提到南海，也不是今天的南海，如《山海经·大荒南经》就有“南海之外，赤水之西，流沙之东”，“南海之中，有汜天之山，赤水穷焉”。《左传·僖公四年》中有“四年春，齐侯以诸侯之师侵蔡。蔡溃，遂伐楚。楚子使与师言曰：‘君处北海，寡人处南海，唯是风马牛不相及也’”。在《史记·秦始皇本纪》中有“三十七年……，上会稽，祭大禹，望于南海，而立石刻颂秦德”。上述所说的南海，均非指今日的南海。

南海又别称涨海。唐人徐坚等在《初学记》中引三国吴人谢承《后汉书》说“交阯七郡贡献，皆从涨海出入”。谢承在《后汉书》中还说：“汝南陈茂，尝为交阯别驾，旧刺史行部，不渡涨海。刺史周敞，涉（涨）海遇风，船欲覆没。茂拔剑诃骂水神，风即止息。”唐徐坚等在《初学记·地部中》中说“按：南海大海之别有涨海。”唐代姚思廉在《梁书·诸夷》中说：“又传扶南东界即大涨海，海中有大洲，洲上有诸薄国，国东有马五洲，复东行涨海千余里，至自然大洲”。在古代，不少人将涨与珊瑚礁联系起来。如宋李昉等撰《太平御览》引三国吴康泰《扶南传》说“涨海中，倒（到）珊瑚洲，洲底有盘石，珊瑚生其上也”。李昉还引《南州异物志》说：“涨海崎头，水浅而多磁石，徼外人乘大舶，皆以铁锢之，至此关，以磁石不得过。”唐代徐坚等在《初学记》中引《外国杂传》说：“大秦西南涨海中，可七八百里，到珊瑚洲。”

涨海之名的缘起，古人论述不多，直至清朝初年屈大均在其《广东新语》中给出了一种说法。他说：“炎海善溢，故曰涨海……涨者嘘吸先天之气以为升降，气升则长，长则潮下虚。下虚十丈，则潮上赢十丈。气降则消，消则潮下实。下实一尺，则潮上缩一尺，皆气之所为，故曰涨。凡水能实而不能虚，惟涨海虚时多而实时少，气之最盛故涨，若夫飓风发而咸流逆起，大伤禾稼，则气郁抑而不得其平，亦涨之说也。涨海故多飓风，故其潮信无定。……其风不定，其潮汐因之，风者，气之所鼓者也。平常则旧潮未去，新潮复来，常羡溢而不平，故曰涨海也。”可见，“涨海”之称从后汉一直延续到南北朝。

由于南海属于热带海洋，适于珊瑚繁殖，海底高台处形成珊瑚岛，南海诸岛的东沙群岛、西沙群岛、中沙群岛和南沙群岛均为珊瑚岛屿。注入南海的主要河流有韩江、珠江、红河和湄公河等。南海周边国家从北部顺时针方向分别为中国、菲律宾、马来西亚、文莱、印度尼西亚、新加坡、泰国、柬埔寨、越南。

中国临南海的有台湾、广东、广西、海南和香港、澳门。

南海已鉴定的浮游植物有500多种，浮游动物有700多种，栖息鱼类500种以上，其中经济价值较高的鱼类有30多种，是我国的传统渔场。近年来，南海北部近海资源持续衰退，而南海陆架区以外的广阔海域分布有相当数量的大洋性头足类和金枪鱼资源，极具开发潜力，但受诸多因素的制约，外海渔业新资源尚未有效利用。南海海域是石油宝库，初步估计，整个南海的石油地质储量大致为230亿至300亿吨，约占中国总资源量的1/3，是世界四大海洋油气聚集中心之一；我国对南海勘探的海域面积仅有16万平方千米，发现的石油储量达52.2亿吨；南海近海油气田的开发已具一定规模，其中有涠洲油田、东方气田、崖城气田、文昌油田群、惠州油田、流花油田以及陆丰油田和西江油田等，但更为广阔的南海深水海域仍尚待开发。南海海底还有丰富的矿物资源，含有锰、铁、铜、钴等35种金属和稀有金属锰结核。2007年5月，中国在南海北部神弧海域成功取得天然气水合物岩心。南海自古以来就是东西方交流的主要通道，是西欧—中东—远东海运航线（世界最繁忙、最重要的海上航线之一）的重要组成部分，是我国联系东南亚、南亚、西亚、非洲及欧洲的必经之地；港口资源丰富，广州港、香港港、深圳港在2012年货物吞吐量均超过了2亿吨，湛江港、北部湾港发展迅猛。南海跨亚热带和热带，自然景观多样，“海上丝绸之路”人文古迹众多。近年来，珠江三角洲地区、横琴新区、海南国际旅游岛、广西北部湾经济区等发展战略相继获得国家批复实施，区域海洋经济发展迅速，2012年珠江三角洲地区海洋生产总值10 028亿元，占全国海洋生产总值的比重为20.0%。

七洲洋（Qīzhōu Yáng）

北纬19°38.0′— 20°10.0′、东经110°55.0′— 111°25.0′。位于海南岛东北部，因为七洲列岛周围洋面，故名。历史上七洲洋之名，所指因时而异。原为我国南海一部分的旧称，宋、元、明时指今七洲列岛以南洋面。清嘉庆二十五年（1820年）谢清高《海录》载“自万山始，即出口，西南行过七洲洋，有七洲浮海面故名”，清代也泛指整个南海西部包括西沙群岛直至越南昆仑岛一带洋面，此七洲洋即指七洲列岛附近一带海面。南北长约 59 千米，东西宽约 52 千米，海域面积 2 340 平方千米。

七洲洋全部在我国大陆架上，一般为沙石质底。七洲洋沿岸为砂砾堆积基岩岸，其北段抱虎角与铜鼓咀间陆岸较平坦，南段铜鼓角与铜鼓咀间成锯齿形，有宝陵湾、大澳湾和小澳湾等。七洲列岛东北—西南向散列于洋中部，周围水深不超过 50 米的海域面积约 93 平方千米，靠近陆岸水深一般不超过 40 米，列岛以东洋区水深 60～90 米。平均风速 1 月 2.3 米 / 秒，7 月 3.1 米 / 秒。海流受季风影响，夏季由南向北与琼州海峡东流合为一股折向东北，流速 1.8 米 / 秒；冬季由东北折向南流，流速 1.54 米 / 秒。属不规则半日潮，平均潮差 1.5 米，最大潮差 2.5 米，铜鼓角至抱虎角一段为南海大浪区之一。七洲列岛附近多礁石，为航海险地。宋朝吴自牧《梦粱录》载："若欲船泛外国买卖，则是泉州便可出洋，迤过七洲洋，舟中测水，约有七十余丈。"此七洲洋即指今七洲列岛附近洋面之七洲洋。现海口至榆林航线从洋中穿过，广州至榆林航线从东南侧通过。附近海城鱼类丰富，有包括七洲洋在内的清澜渔场，4 — 9 月为渔汛，6 — 7 月为旺汛。

第二章 海 湾

海口湾（Hǎikǒu Wān）

北纬 20°01.4′— 20°03.8′、东经 110°11.9′— 110°19.8′。位于海南岛北部、琼州海峡南部，为东起白沙角、西至后海天尾角连线以南海域，与广东省雷州半岛隔海相望。因海口市位于湾顶得名。宋时湾东侧南渡江口称白沙津，元称白沙口，明为防御倭寇于港口附近筑海口所。据明正德《琼台志》附图记载，近处烈楼村为汉楼船将军杨朴登陆处。湾口宽约 10 千米，岸线长 25.58 千米，面积 33.78 平方千米。湾口水深 5 ～10 米，湾内水深 5 米以下。东侧有南渡江三角洲，海甸溪经海口新港注入。海口湾为不规则半日潮，平均潮差 0.8 米，最大潮差 3.3 米，湾口最大实测流速 1 米 / 秒。泥沙质底，表层海水温度夏季 29℃，冬季 18℃，盐度夏季 30.5，冬季 31.5。湾内有海口港和海口新港，其中海口港为海南岛最大港口，1992 年经扩建后有泊位 15 个，其中万吨级 2 个，5 000 吨级 2 个，3 000 吨级 11 个，年通过能力 200 万吨。海域产龙虾、马鲛鱼和黄花鱼。

铺前湾（Pūqián Wān）

北纬 19°53.4′— 20°05.2′、东经 110°23.2′— 110°38.7′。位于海南岛东北部，琼州海峡东南侧，横跨海口市美兰区和文昌市，为西起南渡江口沙洲门、东至新埠角连线以南海域。因海湾东侧文昌市铺前镇得名。湾口宽约 19 千米，岸线长约 113 千米，面积约 162 平方千米。

沙石质底，水深多在 5 ～10 米。主要河流有演丰河、南洋河和珠溪河，经东寨港注入。属不规则日潮海湾，潮差约 1.4 米。湾口东部涨潮流向西南，落潮流向东北，流速 0.93 米 / 秒；铺前港航道潮流为西北—东南向，涨潮流速 0.67 米 / 秒，落潮流速 0.77 米 / 秒。冬季多东北风，夏季多东风和南风，7—10 月多台风，2—3 月多雾，年均温 23.9℃。湾口西北 25 千米处有白沙浅滩，东西走向，水深约 5 米，面积 9 平方千米。浅滩东西两侧即进湾航道，东航道为主航道。岸边多礁石。铺前港为主要港口，建有渔业、商业和其他专业码头。湾顶内港东寨港，是我国重要的红树林保护区之一。明朝万历三十三年（1605 年）这一带发生 7.5 级地震，铺前港为震中，曾有 72 个村庄沉于海底。今铺前港附近仍有海底村庄遗迹。

东寨港 (Dōngzhài Gǎng)

北纬 19°53.4′— 20°00.4′、东经 110°33.5′— 110°38.7′。位于海口市美兰区。当地方言又读东争港。古称东斋港。东寨港为铺前湾一部分，湾口宽 2 112 米，岸线长约 53 千米，面积约 36 平方千米，最大水深 7 米。

东寨港属半封闭港湾，北临铺前湾，是港湾的进出口，砂质底，沿岸边周围是一片沼泽地，退潮时泥滩和沙滩露出。东寨港是一个外窄内宽的避风良港，涨潮时几百吨的船只可行驶，但退潮时外浅内深，大船不能进出。东寨港是国家级红树林保护区，港内水产资源丰富，贝类、虾、螃蟹、鱼类繁多。

小海 (Xiǎo Hǎi)

北纬 18°47.5′— 18°53.7′、东经 110°26.1′— 110°31.1′。位于万宁市港北和盐墩连线以西海域。因面积较小得名。小海呈葫芦状，南北长 10.5 千米，南部腹宽 8.5 千米，中部腹宽 4.5 千米。有一块拦门礁—港门石扼守口门，湾口宽 726 米，岸线长 51.43 千米，面积 44.34 平方千米，最大水深 4 米，平均水深 1 米。

典型的沙坝潟湖海湾。原纳太阳河、东山河、后溪河和龙头湾河等河流，为解决大奶洋和保定洋稻田的排洪问题，1972 年将太阳河改道，由小海南侧入海，1973 年修建了口门北堤，1984 年修建盐墩三岛联围及堵塞口门南槽等工程，导致口门缩窄，潟湖淤积，涨潮三角洲面积扩大，潮汐动力更加减弱，淤积愈加严重，使小海湾失去原有的功能。泥沙淤积较重，西北和西南岸上有大片潟湖淤积平原。小海属不规则半日潮，平均潮差 0.7 米，最大潮差约 2 米。湾内流速很小，可供 2 000 艘以上渔船避风。西部筑有防潮堤，保护岸上农田。海底淤泥甚厚，海水饵料丰富，鱼虾多，特产后安鲻鱼及和乐蟹。西南岸近处有东山岭，称“海南第一山”，为旅游胜地。

黎安港（Lí'ān Gǎng）

北纬 18°24.4′— 18°26.8′、东经 110°02.2′— 110°03.9′。位于陵水黎族自治县海域。湾口宽 53 米，岸线长 15.6 千米，面积 8.72 平方千米，最大水深 29.5 米。黎安港是一潟湖海湾，水质澄透，风平浪静，四时气候适暖，盛产对虾、池蟹、鱼、贝、藻等，是冬季避寒及旅游度假和海水养殖的优良海湾。

陵水湾（Língshuǐ Wān）

北纬 18°16.4′— 18°27.5′、东经 109°43.2′— 110°02.0′。位于海南岛东南，陵水县与三亚市交界处。因近陵水县得名。湾口宽约 27 千米，岸线长约 75 千米，面积约 210 平方千米。

湾内有大小岛屿 15 个和一些分散礁石。表层海水均温冬季 20℃，夏季 29℃，年平均 24.5℃；海水盐度年平均为 33.2；水色近岸为黄绿色，200 米等深线内为青绿色，透明度为 10 米。风向秋冬偏北、西北风；春末至夏季多东南、西南风；10 月、11 月多台风，年平均风速 2.4 米 / 秒。属不规则日潮，平均潮差 0.7 米，最大潮差 1.58 米，冬季沿岸流由东北至西南，夏季方向相反。底质由近岸沙质向中部泥质渐变。除铁炉角以西、新村港口以南附近是岩石岸外，其余大部分是沙岸。湾内有外肚湾、铁炉湾、深湾、竹湾等 8 个小海湾；有赤岭港、黄浊港、合水港等 3 个河口港；新村港和铁炉港为潟湖港，新村港为海南最大的渔港、商港和天然的避风港。主要河流有龙江河、曲港河、藤桥河和英州河注入。海水富含浮游生物，适合各种鱼类繁殖，以虾、蟹、乌贼、海螺、海藻等为主要海产品。

崖州湾（Yázhōu Wān）

北纬 18°17.6′— 18°22.2′、东经 108°59.3′— 109°09.0′。位于三亚市西南，位于福建因地处古崖州府西南，故名。面向南海，呈半月形，湾口宽约 16 千米，岸线长约 35.5 千米，面积约 61 平方千米。

崖州湾属不规则日潮，湾内港门港南部海流流速约 0.5 米 / 秒。砂质岸，南山山麓岸线稍弯曲，沿岸有干出石滩、明礁、暗石，其余岸线平直，有狭窄干出沙滩。西侧有西鼓岛和东锣岛。为良好避风锚地，水深适宜处均可锚泊，可避北至东北风。东北部有港门港，为商渔用港。有宁远河、西港溪、石沟溪等河流注入，浮游生物丰富，是鱼虾繁殖和索饵良地，为拖、刺渔业及捕虾场所。

墩头湾 (Dūntóu Wān)

北纬 19°06.0′— 19°13.0′、东经 108°36.8′— 108°40.8′。位于东方市西海岸，介于鱼鳞角与四更沙角间。因近北黎村，原名北黎湾。又因清光绪、宣统年间墩头开建为新街市，其港口称为墩头港，为使湾与港口名称统一，1987 年改今名。

墩头湾呈半月形，湾口朝西，湾口宽约 11 千米，岸线长 26.5 千米，面积 50.64 平方千米。沙、泥质底，为冲积沙岸。沿岸北半部有干出沙滩，南半部有干出珊瑚滩，宽 150 ～1 500 米不等。因西北部多浅滩，渔船常搁浅。有赤坎河、北黎河注入。湾内有墩头港、八所港和八所新港。产马鲛、鲳鱼和对虾。

昌化湾 (Chānghuà Wān)

北纬 19°16.8′— 19°20.9′、东经 108°38.3′— 108°41.5′。位于昌江黎族自治县，昌化江入海处，东临昌化港、咸田港和英潮港，西接北部湾。因昌化江入海而得名。湾口宽约 5.89 千米，岸线长 37.65 千米，面积 16.56 平方千米，最大水深 7.7 米，砂质底。鱼类品种繁多，是浅海生产的良好渔场。退潮时大中型渔船不能进入昌化港，多泊于此湾。

海头港 (Hǎitóu Gǎng)

北纬 19°29.0′— 19°30.9′、东经 108°55.7′— 108°57.5′。位于儋州市，珠碧江入海口处，与昌江黎族自治县的新港隔海相望，西邻北部湾。湾口宽 279 米，岸线长 12.67 千米，面积 6.42 平方千米，最大水深 7 米。港内底质砂泥。港外约 1.5 千米处有一珊瑚礁群，低潮时露出水面，隐约可见，成为天然防波堤。可泊中小型渔船 300 艘；退潮时可泊 20 吨左右的渔船 60 艘。

洋浦湾 (Yángpǔ Wān)

北纬 19°38.5′— 19°47.6′、东经 109°09.0′— 109°18.7′。位于儋州市西部，濒临北部湾。湾口自东北端的神尖角至西南观音角。因北部有洋浦村和洋浦港得名。湾口宽约 7.89 千米，岸线长 93.79 千米，面积 88.27 平方千米，最大水深 12.1 米。

洋浦湾由内湾新英港（又称儋州湾）和外湾洋浦湾组成，两湾之界位于白马井沙嘴和北炮台之连线，该处为缩狭的水道。该区洋浦港站常风向为东北偏东向，频率为 20%，强风向为北向最大风速 15 米 / 秒，湾内海域为正规日潮，平均潮差 1.8 米，最大潮差 3.59 米。湾内流速 0.14 ～0.83 米 / 秒。根据观测资料，该湾常波向为东北偏东向，频率为 17.8%，强波向为西南向，最大波高 2.4 米。湾口有大铲岛、小铲岛形成洋浦湾屏障，湾内有珊瑚礁分布。洋浦湾北侧的洋浦港，建有多个 2 万吨级和 3000 吨级码头。1991 年 12 月正式对外开放，1992 年 3 月设立洋浦经济开发区。除洋浦港外，湾内尚有数个渔商小港。

后水湾（Hòushuǐ Wān）

北纬 19°49.4′— 19°56.1′、东经 109°19.0′— 109°34.1′。位于海南岛西北，儋州市与临高县之间，琼州海峡西口南，为东起临高县调楼港东北端、西至儋州市兵马角连线以南海域。因湾顶临高县一侧有头咀村（又名后水），别名后水港，湾从村名。湾口宽约 21 千米，岸线长约 100 千米，面积约 150 平方千米。岸线曲折，有泥沙滩、岩石滩，珊瑚礁发育。水深多在 5 ～9 米，湾口水深 10 ～19 米。湾顶头咀港东为后水湾内湾，面积 8.3 平方千米，有数条小河注入，避风条件好，但泥沙淤积严重，多为红树林滩。

后水湾属规则日潮海湾，平均潮差 1.9 米，最大潮差 3.9 米。湾口西侧涨落潮流速 0.67 米 / 秒，东侧涨落潮流速 0.16 ～0.26 米 / 秒。离岸珊瑚礁有邻昌礁、将印礁和头咀排等，还有大片的沿岸珊瑚群礁。海底以泥沙为主，海湾盛产海参、墨鱼、蛾龙鱼、石斑鱼、飞鱼、青鱼和黄鱼等。临高县一侧有调楼港、黄龙港、新盈港和头咀港，儋州市一侧有黄沙港、神确港、顿积港和泊潮港，多为渔港。

澄迈湾（Chéngmài Wān）

北纬 19°53.6′— 20°03.7′、东经 109°56.5′— 110°09.5′。位于澄迈县，琼州海峡南部。湾口东起天尾角（曾名澄迈角），西至玉包角。因临澄迈县而得名。呈盆状，湾口宽约 23 千米，纵深 7.5 千米，岸线长约 102 千米，面积约 145.5 平方千米，最大水深 22.7 米。

澄迈湾属规则日潮，平均潮差 1.5 米，最大潮差 3.5 米。湾口附近潮流流速 1 ～1.4 米 / 秒。贝壳、沙石质底。两边为玄武岩台地。西部湾顶马沙附近为泥沙滩，岸边发育红树林潮滩，水深约 1 米。南为边湾，亦称东水港，水深约 1 米。有美素河、双杨河、老城河等河注入。湾口外有西北—东南向泥鳅沙。湾内的马村港和东水港为避风良港。盛产马鲛鱼、黄花鱼、石斑鱼、带鱼、金枪鱼等。

花场湾（Huāchǎng Wān）

北纬 19°53.6′— 19°57.0′、东经 109°57.3′— 110°01.7′。位于澄迈县。花场湾为澄迈湾内一潟湖海湾，呈葫芦状，湾口宽 340 米，岸线长约 46 千米，面积约 14.4 平方千米，且湾口与澄迈湾底之间有一砂质小岛。

第三章　海　峡

琼州海峡（Qióngzhōu Hǎixiá）

北纬 19°56′— 20°28′、东经 109°42′— 110°41′，又名“海南海峡”。近东西走向，位于雷州半岛与海南岛之间，为连通南海东部海域和北部湾的狭窄通道。唐贞观五年（631 年）分崖州置琼州，明初改置琼州府辖整个海南岛，海峡因此得名。海峡长约 107 千米，宽处 40 千米，最窄处 17 千米，平均水深 44 米，最大水深 120 米。琼州海峡是我国第三大海峡，与台湾海峡、渤海海峡并称中国三大海峡。第四纪初期，新构造运动使地壳急剧上升，琼雷台地由于地堑式塌陷，使海南岛与雷州半岛分离，形成近东西走向的海峡。南北岸岬角、海湾交替排列。

琼州海峡为沟通北部湾和南海中东部的海上走廊，是广州、湛江至海南岛八所、广西北海和越南海防等港口的海上交通捷径。东寨港有国家级红树林自然保护区。唐代李德裕和宋代李纲、赵鼎、李光、胡铨、苏轼等官员被贬谪海南岛，均经雷州半岛渡此海峡。

第四章　水　道

中水道（Zhōng Shuǐdào）

北纬 20°14.3′、东经 110°38.8′。位于三沙市，宽约 2.8 千米，水深为 6～9 米，吃水 6 米以内的船只可通行。中水道为通向双子群礁礁湖的主要水道，全日潮。

第五章　岬　角

新埠角（Xīnbù Jiǎo）

北纬 20°05.5′、东经 110°34.3′。位于文昌市。曾名铺前角。

形似虎头，由东向西伸入琼州海峡 1.4 千米，最宽 2.4 千米，最高处海拔 33.5 米。新埠角为中更新世地壳发生差异性运动，断裂形成琼州海峡而伴生的岬角。近岸多礁石，水深 3～5 米。岬角东 2.5 千米处的七星岭为文昌市名胜，海拔 137.7 米，有古塔，亦为航海标志。

海南角（Hǎinán Jiǎo）

北纬 20°09.7′、东经 110°41.1′。位于文昌市最北端。曾名海南头、木栏头。因处海南岛最北点，故名。因岬角上有木栏村，故又名木栏头。

由西南向东北突出 3.7 千米，南部最宽 3.9 千米。最高处在北端海边，海拔 56 米，地势从北向南倾斜。海南角为中更新世地壳发生差异性运动断裂形成琼州海峡而伴生的岬角。近海水深 1～14 米，浪大流急，漩涡大，有急水门之称。两侧浅滩和礁石众多，水下地形复杂，为航行危险区，岬角上设有灯塔两座。有虎威林场，海边林木茂盛，有公路通文昌市区。

抱虎角（Bàohǔ Jiǎo）

北纬 20°00.9′、东经 110°55.6′。位于文昌市，七洲洋西岸。又名景心角、灯楼角。因岬角西南 8 千米有抱虎山得名。

由南向北突出入海 1.6 千米，南部最宽 2.6 千米。末端浑圆似馒头，建有古炮楼。中部海拔 29.9 米，地势由南向北倾斜。岬角形成与中更新世地壳发生差异性断裂有关。表层为沙质土壤，林木茂盛，东南部有雷达应答灯塔。岬角上湖心村和大贺村有简易公路通文昌市区。岬角东、西、北三面珊瑚礁环绕，东南边有灯楼港，西边有湖心港和加丁港，均为小渔港。

铜鼓咀（Tónggǔ Zuǐ）

北纬 19°38.6′、东经 111°02.4′。位于文昌市，七洲洋西南岸，海南岛最东端，为铜鼓岭之余脉。因岬角西北 4 千米有铜鼓岭得名。

山体长约 1 千米，宽 0.6 千米，大部向海突出，方向略偏东北。铜鼓咀为混合花岗岩构成，最高处蛟螺头海拔 134 米，海岸陡峭，近岸水深 15～20 米，浪大流急。岬角形势险要，为兵家要地，传说汉伏波将军马援曾丢失铜鼓于岭上。铜鼓岭 1983 年已列为文昌市自然保护区，山上林木茂盛，鸟兽亦多。岬角上设有灯桩，有简易公路通文昌市区。

大花角（Dàhuā Jiǎo）

北纬 18°47.3′、东经 110°32.5′。位于万宁市东南部，小海东南方。南北有两小山凸起，海拔分别为 99.6 米和 121.5 米。岬角长 1.6 千米，宽 1.3 千米。中间凹下似马鞍状，北边一山名后鞍岭，南边一山称前鞍岭，两山由混合花岗岩构成，坡度较大，海岸曲折陡峭，南北和东南有三处凹入部分，地势险要。附近水深 8～30 米，多礁石。产鲍鱼、竹景鱼和金枪鱼等。岬上灌木丛生，有庙宇、水塔和村庄，有简易公路通万宁市区。

马骝角（Mǎliú Jiǎo）

北纬 18°39.7′、东经 110°24.8′。位于万宁市，大洲岛西方。曾名马骝头。因岬上有猴子（当地称马骝）栖居，故名。有的图上标注马达头。

岬角为南北走向的牛庙岭突出入海形成，长 1.2 千米，最宽 1.3 千米，最高处海拔 135.1 米，末端稍向东弯曲。牛庙岭由混合花岗岩构成，最高处海拔 218.5 米，距海岸约 1 千米，为海上望山标志物。角上建有水塔，山坡陡，岸边峭。附近水深 4～20 米。

陵水角（Língshuǐ Jiǎo）

北纬 18°23.0′、东经 110°02.9′。位于陵水黎族自治县东南端，为六量山向南海伸出的突角。又名鸟仔角、大头。因陵水黎族自治县得名。

由花岗岩构成。长 350 米，最宽 300 米，最窄 75 米，海拔 62 米。丘陵地貌，呈锥形，南北走向，山脊狭窄，山坡陡峻，角上杂草灌木丛生。基岩海岸，西岸有磊石滩，角端有大头礁，为航行险区。顶端建有灯桩一座。附近水深4.1～11.8米。

后海角（Hòuhǎi Jiǎo）

北纬18°16.4′、东经109°44.2′。位于三亚市，因靠近后海村得名。由花岗岩构成。东西长1.77千米，最宽处0.6千米，窄处0.3千米。角端为丘陵地，上有山峰5座，最高峰海拔82.5米，植被茂盛。角西为冲积平地，有村庄后海村。冲积沙岸与岩石岸参半。岩石岸曲折崎岖，沿岸多岩石滩，滩缘多礁石，船只去后海湾码头锚泊，需绕礁通过。角西的后海村以渔业为主，村旁建有码头，可供船锚泊避风。角端建有灯桩。附近水深3～4米。

琊琅角（Yáláng Jiǎo）

北纬18°11.9′、东经109°42.7′。位于三亚市。由花岗岩构成。为竹秧口间岭向东南延伸入海的突嘴，长0.9千米，宽1.3千米，海拔175.5米。呈三角形，顶稍平，坡陡。岩石陡岸，南岸平直陡峭，东北岸曲折多湾，有岩石滩分布。顶有采石场、居民点，北为琊琅村，村旁为琊琅港，港内建有码头，可供万吨巨轮锚泊和避东至东南风。近岸水深7.4～36.5米，盛产马鲛、鱿鱼、石斑和海参等。

锦母角（Jǐnmǔ Jiǎo）

北纬18°09.5′、东经109°34.4′。位于三亚市。锦母角为虎头岭向东南延伸入海的突嘴，长940米，宽750米，角端海拔55.1米。由灰岩、钙质砂岩构成。呈三角形，西北—东南走向，顶稍平缓，坡陡，表层茅草稀疏。岸边岩石陡峭，岸线蜿蜒曲折，有岩石滩、磊石滩分布。附近水深20～42米，产鱿鱼、石斑、马鲛、龙虾等。顶端有无线电指向标一座，角端有灯桩一座，有公路直达榆林、三亚市区等地。

榆林角（Yúlín Jiǎo）

北纬18°13.0′、东经109°32.0′。位于三亚市，因靠近榆林得名。由花岗岩构成。是兔尾岭向南延伸入海的陆地，长340米，宽400米，海拔90.4米。呈三角形，西北—东南走向，地势北高南低，顶平缓坡陡。石质海岸，岸下为珊瑚滩，滩缘有少量明礁分布。附近水深 4.1 ～16 米，盛产石斑、马鲛、鱿鱼、金枪鱼等。角端有灯桩一座，并有公路直达榆林、三亚市区等地。

鹿回头角 (Lùhuítóu Jiǎo)

北纬 18°11.3′、东经 109°29.0′。北距三亚市 5 千米，是鹿回头岭向南延伸入海之山脊，因岭得名。传说古有五指山青年猎手阿当，追猎一鹿，经三昼夜，越 99 座山，最后追至此半岛悬崖上，鹿回头凝望，霎时变成美女与阿当结为夫妻。后人因之称此地为鹿回头。

岬角长 300 米，宽 600 米，高处海拔约 140 米。由花岗岩构成，丘陵地貌，坡度陡峻。基岩海岸，陡峭崎岖，地势险要。附近水深 10 ～20.5 米，产石斑、鱿鱼。有公路与三亚市相通。

三亚角 (Sānyà Jiǎo)

北纬 18°12.6′、东经 109°28.3′。位于三亚市西南 4 千米。西与东瑁洲隔海相望，东南与鹿回头角毗邻。三亚角是鹿回头岭向西北延伸入海部分。因是三亚港南部屏障，故名。

地势南高北低，呈南北走向，丘陵地貌。略呈半圆，长 1.05 千米，宽 2.05 千米，海拔 220 米。由花岗岩构成。顶端有一座灯桩，北部台地区有水稻和椰树林。中部有一村庄，公路南通旅游胜地鹿回头岭，北达三亚市。沿岸主要为石质岸，岸下为珊瑚滩或磊石滩。附近水深 3.1 ～27 米。

南山角 (Nánshān Jiǎo)

北纬 18°17.2′、东经 109°11.5′。位于三亚市崖州湾东侧。是南山（岭）向南延伸入海的斜坡，故名南山角。

由花岗岩构成。南北长 0.95 千米，东西宽 4 千米。属丘陵地貌，南山孤山耸立，切割强烈，林密峰秀，叠石成趣，气势磅礴，有大洞天、小洞天、试剑峰、钓鱼台等佳景，为古崖州八景之一，今为三亚市旅游胜地。石质岸，岸下为岩石滩、砾滩。西海岸滩缘有明礁、干出礁分布，属航行危险区。南山顶海拔 478.7 米，设有无线电指向标 1 座，岸边建有灯桩一座。南山北麓有铁路、公路经过，交通便利。附近水深 4.5 ～20 米，盛产鲍鱼。

感恩角（Găn'ēn Jiăo）

北纬 18°50.5′、东经 108°37.4′。位于东方市感城镇西侧。建有感恩角灯塔，灯高 47.2 米，是海南环岛西航线上的重要助航标志。

鱼鳞角（Yúlín Jiăo）

北纬 19°06.0′、东经 108°36.7′。位于东方市。又名洲仔岭、鱼鳞洲。因其角峰耸立海滨，岩石重叠，状如鱼鳞得名。

由沉积岩构成。鱼鳞角是陆地向西北延伸入海的突嘴，角端为一陆连岛，长 430 米，宽 400 米，海拔 44.2 米。除角端为岩石山外，其余为冲积平地。岩石山西侧有洞如室，海燕群集其中。孤峦屹立，险峻突兀。角端石质岸，余为砂质岸，西南岸下为沙滩，北岸为珊瑚滩，高处有灯桩一座，灯高 62.9 米，附近水深 3.8 米。东北的八所港是矿石、木材、盐、糖等物产的转运地。交通便利，铁路可经莺歌镇直达三亚市，公路有环岛西线沟通全岛，海运可达广州、上海、香港等地。

四更沙角（Sìgēngshā Jiăo）

北纬 19°12.2′、东经 108°38.0′。位于东方市四更镇西部。因靠近四更村（今为四更镇）得名。

四更沙角为陆地向南延伸又折向东南的大沙嘴，长 2.5 千米，最宽 0.3 千米，最窄 0.02 千米，海拔 4 米。地势平坦，呈弓形，海岸为砂质，沿岸有干出 0.5 ～ 1.3 米沙滩围绕，西南侧水浅滩多，船只经常搁浅。东北侧为东方盐场，有公路直达市区。顶端建有灯桩。

峻壁角（Jùnbì Jiăo）

北纬 19°22.4′、东经 108°41.3′。位于昌江黎族自治县，是海南岛西海岸折向东北的拐角。因岸壁陡峭险峻，故名。

由花岗岩构成，是大头角（岭）向东北延伸入北部湾的突角，长 0.47 千米，宽 1.23 千米，海拔 72.4 米。属低丘地貌，坡度缓和，表层砂土质，长有零星灌木。石质岸，岸壁陡峭崎岖，似锯齿，沿岸为岩石滩。水深 5 ～20 米，西北侧为昌化渔场。大头角（岭）建有导航灯桩一座。1940 年日本侵略军侵占时，曾在此建筑码头，后因时值寒冬，风大、流急、浪猛，工程半途而废。新中国成立后，曾多次在此进行综合考察、勘探，以备建港和开发利用海洋资源。

观音角（Guānyīn Jiǎo）

北纬19°35.0′、东经109°00.7′。位于儋州市西北部，洋浦湾口西南端。因近岸礁石状似观音菩萨得名。

观音角为砂砾岩残丘直迫海岸形成之岬角。海岸长4.5千米，呈马鞍状，向海突出0.5千米，最宽4.1千米，海拔20米以上。岸边多礁石，中间有灯桩，西侧有靠岸珊瑚礁。

神尖角（shénjiān jiǎo）

北纬19°47.2′、东经109°09.7′。位于儋州市，洋浦湾口东北端。因岬角东有干出礁名神尖得名。

岬角由火山熔岩构成。海岸长约2千米，呈马鞍状，向海突出0.4千米，最宽1.7千米。海拔40米以上。岸边多礁石，沿岸为砂砾滩，北部有珊瑚礁。岬角东边有公堂村，西边末端有灯桩。

兵马角（Bīngmǎ Jiǎo）

北纬19°55.0′、东经109°18.2′。位于儋州市。兵马角之名，一说因南部5千米有兵马山（又名峨蔓岭、笔架岭）得名，二说因从海上远观岬角似一列兵马而得名。兵马山为古火山，岬角为火山熔岩（玄武岩）直临海岸而成。

兵马角由南向北突入海约1千米，最宽2.2千米，北部近岸水深1～10米，有礁石，海流急；两侧小海湾有珊瑚礁。岬角南部为乾头村。形势险要，为兵家必争之地。有灯桩，灯高71.3米。

临高角（Língāo Jiǎo）

北纬20°00.7′、东经109°42.7′。位于临高县，琼州海峡西口南端。因地处临高县北端得名。自宋朝即有临高角记载。

由南向北突出入海约1千米，形似尖锥形斗笠，底宽4千米，最高处海拔20米。其形成与中更新世地壳发生差异性断裂形成琼州海峡有关，为海成一级台地，末端海拔5.2米。表层为砂砾土，木麻黄树覆盖。东北边为大片珊瑚礁石滩，西北边为砂砾滩。在海上交通及军事上均有重要地位，1893年已建有钢筋结构灯塔，高20米。有公路通临高县城。

第六章　河　口

沙洲门 (Shāzhōu Mén)

北纬 20°04.8′、东经 110°22.5′。位于海口市。沙洲门为海南岛最长河流南渡江出海口之一，又名南渡江口，俗称沙上门，因有河口沙洲得名。宋时南渡江口称白沙洋，为国内外船舶聚集地。因常患淤塞，后流沙为台风吹去，港口畅通，人以为天遂人愿，故有神应港之称。元称白沙口。南渡江，古称黎母水，发源于白沙县坝王岭南峰山东北麓（琼中黎母山），经白沙、儋州、澄迈、定安、琼山等县市，在海口市美兰区入海，口宽 317 米。南渡江干流河长 333.8 千米，流域面积 7 022 平方千米。1956—1968 年，年径流量为 60.2 亿立方米，年均输沙量为 53.8 万吨。1969 年建成龙塘滚水坝后，1969—1982 年，年均径流量为 59.7 亿立方米，年均输沙量为 29.3 万吨。1970 年 1 月 8 日在儋州市松涛镇附近建成松涛水文站，控制流域面积 1 440 平方千米。

南渡江河口上界在南渡江铁桥附近，洪水期下移，铁桥至沙亮村为河流近口段，长约 5 千米，河行西北，至府城附近河向转，河道放宽，并在河道间形成铜马坡河心洲（岛），至河心洲北端进入河流河口段。从琼州大桥至南渡江河流口门长约 7.5 千米，其中沙亮村至麻余村，河道比较单一，其间发育了数个长条形江心洲，河道宽度较近口段放宽，但总体较规则。河流到了麻余村之后便分汊，形成三条入海河道，即从东到西的南渡江干流、中汊横沟河和西汊海甸溪。相应在三条汊河之间形成两个河口岛，即东侧的新埠岛和西侧的海甸岛。南渡江河口属于比较典型的三角洲型河口，三角洲面积约 120 平方千米。河口入口段的这种态势是 20 世纪 70 年代形成的。在此之前，南渡江共有 13 个分支流经南渡江三角洲入海。由于入海分支众多，水流较弱，所以形成了典型浪控三角洲。20 世纪 70 年代之后，进行了大量人工堵口、填湖造地、港口建设等工程，堵死了众多入海口，只留下了目前的三条入海河道，使得这三条河道水流势力得以加强，河流输沙也集中入海，河口三角洲便由浪控型三角洲变成浪控—河控混合型三角洲。三角洲岸线分为三类：东部废三角洲侵蚀海岸段（山湖港、沙上港）、西部淤积型海岸（白沙角以西）、北部过渡型海岸泥沙转运型（南渡江口至白沙角）。河口外海滨段比较窄，因其外侧就是琼州海峡，该处浪大流急，不利于水下三角洲的发育，河外5米和10米等深线就分布在水道（侵蚀深槽）的崖壁上。

河口区属热带海洋性气候，春季温暖少雨，夏季高温多雨，秋季湿凉多台风暴雨，冬季干旱时有冷空气来袭。海域潮汐属不正规日潮，平均潮差0.82米，最大潮差3.31米。常浪向东北向，出现频率24%，强浪向为北向，最大波高3.5米。

陵水河口（Língshuǐhé Kǒu）

北纬18°29.8′、东经110°05.4′。位于陵水黎族自治县。因陵水河入海口而得名。陵水河发源于保亭黎族苗族自治县峨隆岭，自西北向东南流经群英、文罗、本号、提蒙、陵城等地于椰林水口港注入南海。河流全长76千米，流域面积1 476平方千米，口宽187米。

河口处地势平坦，发育一小岛——椰子岛，是陵水黎族自治县的风景区之一，称为水口风景区，在椰子岛东侧建有水口庙，是当地祭祀的重要场所。水口庙四周覆盖着密密麻麻的龙血树，是长在河口岸边最古老的乡土树种，被誉为千年松，也称为“活化石”。出海口建有水口港，水口港北边是约3平方千米的开阔湿地，被誉为物种基因库，是鱼、虾、蟹、贝等水生动物及白鹭等飞禽繁衍栖息的温床。

宁远河口（Níngyuǎnhé Kǒu）

北纬18°21.7′、东经109°08.1′。位于三亚市。因宁远河入海口而得名。宁远河发源于三亚市与保亭黎族苗族自治县之间的亲要岭，在保亭境向东南流，进入三亚市后折向西南流，经雅亮、崖城，于保港注入南海。河流全长80千米，流域面积706平方千米，口宽244米。河口处是历史悠久的大小洞天风景区，因其奇特秀丽的海景、山景、石景与洞景被誉为“琼崖八百年第一山水名胜”，现已发展成为国家首批 5A 级旅游景区。

昌化江口（Chānghuàjiāng Kǒu）

北纬 19°18.9′、东经 108°39.3′。位于昌江黎族自治县和东方市交界处。系昌化江入海口而得名。昌化江，又称昌江，古称南崖江，海南岛第二长河，源出琼中五指山铁钻峰，西南流到乐东黎族自治县折向西北，在昌江黎族自治县西昌城镇附近注入北部湾，口宽 4 393 米。河流全长 232 千米，流域面积 5 150 平方千米，年均径流量 38.2 亿立方米，年均输沙量 83.9 万吨，最大潮差 3 米。河口北侧昌化大岭基岩岸段和北黎湾北部岬角构成昌化江河口湾的基本轮廓，其中发育了河汊交织的三角洲。河口外缘形成了断续平行海岸的沿岸埕，并在 5 米水深内发育了一条向西南延伸的大沙嘴。

下篇

海岛地理实体

HAIDAO DILI SHITI

第七章　群岛列岛

七洲列岛 (Qīzhōu Lièdǎo)

北纬 19°53.0′— 19°59.2′、东经 111°11.8′— 111°16.4′。位于文昌市东北七洲洋中，琼州海峡东口之外。曾名七洲、七星山、七洲洋山、七洲山。七洲之名最早见于《郑和航海图》（明茅元仪《武备志》卷 240），图上在琼州海峡东口之外作七个岛屿之状，旁注“七洲”。《大明一统志》载“七星山：在文昌县东滨海。山有七峰，状如七星连珠，亦名七洲洋山”。七洲洋山，简化则为七洲山，亦称七洲群岛，文昌渔民称之为七洲峙（当地称岛为峙或士）。七洲列岛属热带海洋性气候，年均气温 25℃，年均降水量 1 700 毫米。大部分岛屿有泉源、植被。列岛之西有榆林至海口航线，东南侧有榆林至广州航线。周围水深 20 ～80 米，产金枪鱼、脂眼鲱、圆腹鲱、金色沙丁、石斑鱼和龙虾等。

第八章　海　岛

海南岛 (Hǎinán Dǎo)

北纬 18°10′— 20°10′、东经 108°37′— 111°03′。海南岛为海南省的主岛，位于南海西北部，北隔琼州海峡，与广东省雷州半岛遥相对望。历史上海南岛有三种古称：珠崖、儋耳、琼台。据文献资料，“珠崖”源于“郡在大海崖岸之边，出珍珠”，故名“珠崖”；“儋耳”源于海南岛古部落的绣面习俗(在脸面上刻上花纹，涂以颜色，耳朵上戴有装饰用的耳环而下垂)，因而得名；“琼台”源于“境内白石有琼山，土石皆白而润”，宋神宗熙宁年间琼州置琼管安抚都监台，遂称为琼台。汉置珠崖、儋耳两郡，唐置琼州，清为琼州府。宋绍兴年间，参知政事李光贬谪海南岛有诗句“海南风物异中华”。元至元十七年(1280 年)置海北海南道宣慰司，沿所在雷州路(今广东省雷州市)。民间以琼州海峡为界，以北称海北，以南称海南。《中国海域地名志》(1989) 中称为海南岛。

从印支运动开始，岛中南部花岗岩侵入、隆起、断裂凹陷，造成穹窿构造山地和众多山间盆地；第三纪末至第四纪初、中期，北部大量玄武岩喷发形成一批盾状火山，又断裂凹陷，陆沉海升，形成琼州海峡，以后岛型基本稳定。1605 年发生在海口塔市与文昌铺前之间的琼州大地震导致 100 多平方千米的陆地垂直缓慢下沉，今铺前湾仍有海底村庄奇观。今岛形如尖端向东北的雪梨，西南—东北长约 290 千米，宽约 180 千米。中部黎母山和东南部五指山均为东北—西南走向的山地，南渡江、万泉河、昌化江等均源于此，形成放射状水系，中部千米以上高山有五指山、尖峰岭、鹦哥岭、吊罗山和黎母山等，五指山海拔 1 867 米，为全岛最高峰，地势向四周逐级降低，阶梯状地形结构明显。北部抱虎角至昌化江口为台地溺谷海岸，其余为沙坝潟湖海岸，间有珊瑚裙礁、离岸礁以及花岗岩、玄武岩岬角。南渡江口和昌化江口为平原海岸。近海东北部有七洲列岛，东南有大洲岛，南部有东瑁洲和西瑁洲等小岛环绕。

地处热带，年平均气温 22 ～26℃，最高气温 40℃，有明显的雨、旱两季，雨季为 8—10 月，其间山区年降水量 2 400 毫米，向南递减至 1 600 毫米，向西递减至 900 毫米。农作物有水稻、山稻、番薯、甘蔗等，热带作物以橡胶、椰子、槟榔、胡椒、香茅、咖啡、可可等为主。中部林区产红罗、绿南、子京、母生、胭脂等珍贵林木，有鹿、熊、长臂猿等珍稀动物，蕴藏金、银、铜、铁、锡、铅、镭、锰、钛、铀、石灰石、大理石、重晶石、白云石、水晶、红宝石、蓝宝石、优质石英砂、瓷土、褐煤、油页岩等，其中石碌铁矿品位高达 51.2%，为全国之冠。近海北部湾、莺歌海、琼东南三个新生代沉积盆地和陆上福山凹陷结构储石油，估计有 100 多亿吨。沿海主要有海口、铺前、清澜、博鳌、潭门、新村、三亚、莺歌海、八所、墩头、昌化、海头、白马井、新英等渔港，主要捕获蓝圆鲹、颌圆鲹、金色小沙丁、鲐鱼、圆腹鲱、青鳞、飞鱼、蛇鲻、白姑鱼、五棘银鲈、红鳍笛鲷、海鳗、乌鲳、康氏马鲅、斑点驻鲅和宝刀鱼等。内湾滩涂养殖有麒麟菜、拟石花菜等热带藻类；增养殖白碟珠母贝、黑碟珠母贝、企鹅珍珠贝等；繁养殖石斑鱼、遮目鱼、鲷科鱼类、斑节对虾和珊瑚礁观赏鱼类等。西南有华南最大的莺歌海盐场。

2013 年全岛港口货物吞吐量 11 005.52 万吨，旅客吞吐量 3 530.63 万人。岛上公路通车里程达 1.7 万余千米，以“三纵四横”为骨架，有干线直通各港口、市、县，并有支线延伸到全岛 318 个乡镇和各旅游景点，环岛高速公路已建成通车。岛上主要铁路为海南西环铁路、海南东环高速铁路。海南西环铁路始建于 20 世纪 40 年代，之后经过改修，于 2004 年 12 月正式投入客运，并入全国铁路网。目前共有 5 趟出岛列车运营。海南东环高速铁路于 2010 年 12 月 30 日投入运营，并于次日举行海南西环高速铁路奠基仪式，将在原有的西环铁路的基础上，再建设新的高速铁路用于客运。三亚凤凰国际机场于 1994 年 7 月 1 日正式通航。1999 年 5 月 25 日，海口美兰国际机场建成并通航。已实现与国内外几十个大中城市通航。岛上旅游资源丰富，旅游点有五指山、松涛水库、天涯海角、鹿回头、大东海、亚龙湾、南湾猴岛、万宁东山岭、文昌东郊椰林、海口五公祠、海瑞墓、琼台书院、马鞍山火山口、儋州东坡书院、桄榔庵和东坡井等。海南岛有以东寨港为代表的红树林自然保护区和以尖峰岭、霸王岭吊罗山为代表的热带林和长臂猿自然保护区，近海还有麒麟菜自然保护区和白碟贝自然保护区等。

海甸岛 (Hǎidiàn Dǎo)

北纬 20°03.8′、东经 110°19.8′。隶属于海口市，处南渡江入海口，东距新埠岛 200 米。因海田村曾是海甸岛最大的村庄，原称海田岛。宋末元初，海田村与白沙门之间的海水逐渐被堆积起来的泥沙填平，大约到了明朝，这两个岛屿已经连在一起，统称“海田”，白沙门地名还在，但已不是单独的岛屿。而海田改为海甸，是因其军事功能。据冯仁鸿研究，清光绪十三年（1887 年），两广总督张之洞视察海口时，认为海田雄踞海口门户，海疆辽阔，为历代边防水军的要塞，他认为这里就像“南溟奇甸”，因此将海田改为海甸。海口方言称为“海伞”，“伞”在海南话中即为“田”之意。《全国海岛名称与代码》（2008）称为海甸岛。岸线长 14.01 千米，面积 12.163 6 平方千米，最高点高程 7.6 米。海甸岛为沙泥岛，呈东西略宽的不规则卵形。岛上地势平坦，水系密布，湖泊和沟渠众多。

该岛为海甸街道办事处所在地，下辖新安、沿江、金甸、海达、白沙门、福安 6 个社区居委会。2011 年户籍人口 33 618 人，常住人口 38 000 人。1970 年，海口发动全市军民“围海造田”，将海甸六村、福安三村、白沙门上中下村、过港村等 16 个村庄及河流、滩涂等，围成面积达 6.5 平方千米的新海甸岛。海南建省办特区后，该岛成为海口市开发热点，20 世纪 90 年代新一轮填海造地，使海甸岛成为海南岛周边面积最大的海岛。商业发达，生活服务配套设施齐全。交通便利，三纵六横一环的主干道四通八达，有世纪大桥、和平桥、人民桥与海口市中心连接，有海新大桥通达新埠岛。

新埠岛 (Xīnbù Dǎo)

北纬 20°04.1′、东经 110°21.2′。隶属于海口市，处南渡江口，西距海甸岛 200 米。《海口市志》（2009）载：距今 100 多年前修纂的《陈氏族谱序》记载“公宦游以来，卜居谊州，名其曰‘新埠’，迄今壹拾余世矣”。这可能是新埠这个名称的由来，“新埠”已有四百多年的历史了。岸线长 21.92 千米，面积 5.677 3 平方千米，最高点高程 7.6 米。新埠岛为三面环江、一面临海的河流冲积岛。地势平坦，周边海域水产资源丰富。

该岛为新埠街道办事处所在地，下辖新埠、新东、土尾、三联 4 个社区居委会和 13 个居民小组（自然村）。2011 年户籍人口 13 640 人，常住人口 12 165 人。1992 年前，居民以渔业生产为主业，农业处附属地位，岛上渔民生活设施简单。该岛为海口核心滨海区、南渡江、东海岸三大沿海规划片区的黄金交汇点。1992 年被规划为高级旅游度假区。已建成拥有 140 个泊位的游艇码头。沿岸修筑环岛护岸围堤。建有多条市政主干道路，南有新埠桥与海口市区连接，西有海新桥直达海甸岛，2012 年 7 月连通江东片区的新东大桥开始动工。

南渡江口岛 (Nándùjiāngkǒu Dǎo)

北纬 20°04.8′、东经 110°22.7′。位于海口市南渡江口，距新埠岛 330 米。因处南渡江入海口，第二次全国海域地名普查时命今名。该岛为沙泥岛。岸线长 2.51 千米，面积 0.072 6 平方千米。无植被。

北港岛 (Běigǎng Dǎo)

北纬 20°01.4′、东经 110°34.0′。隶属于海口市演丰镇，距东寨港西岸 580 米。又名北港。《中国海域地名志》（1989）载：“因岛上北部有一水深约 10 米的港口得名。”《琼山县志》（1999）载：“因该岛北临大海而得名北港。”2006 年海南省人民政府公布的第一批海岛名录、《全国海岛名称与代码》（2008）等称为北港岛。东西长 1 000 米，最宽处 750 米，最窄处 75 米，面积 1.027 9 平方千米，岸线长 4.5 千米，最高点高程 2.4 米。该岛为沙泥岛，由河海沉积物、潮土构成。《海南岛周边岛屿图册》载：“北部较为平坦，中部略高，南部低洼。中部栽种木麻黄和少量稻田，北部多鱼塘、西南部多盐田。南部低洼，淤泥沉积，有稀疏的红树林，但枝叶茂盛。明朝万历三十三年（1605 年）东寨港附近发生 7.5 级地震，震陷 72 个村庄，其中北港岛陷落村庄 3 个，故今该岛西北近海退潮时仍可见潮侵的水井和房屋砖瓦等地震遗迹。”该岛为有居民海岛，有北港、后溪和上田村 3 个自然村，2011 年有居民 310 户，户籍人口 1 780 人，常住居民约

1 100 人。居民主要从事渔业。有旱地，主种番薯，另有木麻黄林、盐田。东北侧建有码头 1 处，筑有 400 米长防波堤。有数口机井，电力为岛外引入。

浮水墩 (Fúshuǐ Dūn)

北纬 19°59.8′、东经 110°35.4′。位于海口市演丰镇下厂村海岸外 300 米处。曾名田墩、龟土。《琼山县志》（1999）载："明万历年间琼州大地震前称田墩，1605 年地震后，形成此岛，因形似龟，当地称龟土，而该岛在台风季节或涨潮从不淹没，像浮在水面上的土墩，因此得名浮水墩。"《全国海岛名称与代码》（2008）称为浮水墩。岸线长 212 米，面积 3 160 平方米，最高点高程 2.1 米。基岩岛，地表为玄武岩 – 砖红壤。遗留牡蛎养殖设施。

野菠萝岛 (Yěbōluó Dǎo)

北纬 19°57.3′、东经 110°35.2′。位于海口市演丰镇长宁尾村海岸外 30 米处。《全国海岛名称与代码》（2008）称为野菠萝岛。因岛上生长有较多野菠萝（海南俗称露兜）而得名。岸线长 743 米，面积 7 215 平方米，最高点高程 3.5 米。沙泥岛。岛体为玄武岩 – 砖红壤，岸滩为冲积土和红树林泥滩。植被集红树林、半红树和陆生植物为一体，属海南东寨港国家级自然保护区。该岛是保护区对外开展红树林观光旅游活动的景点之一，环境保护良好。建有一段环岛路。岛西北侧建有约 40 平方米的码头一处，可停靠 10 余吨小船。有水井，无电力。

上洋墩 (Shàngyáng Dūn)

北纬 19°56.6′、东经 110°35.6′。位于海口市演丰镇调圮村海岸外 140 米处。《全国海岛名称与代码》（2008）称为上洋墩。该岛原为上洋村旧址，因 1605 年琼北大地震，上洋村迁出后得名。沙泥岛。岸线长 402 米，面积 4 758 平方米，最高点高程 1.5 米。植被有灌木、草丛。

小叶岛 (Xiǎoyè Dǎo)

北纬 19°56.4′、东经 110°35.4′。位于海口市演丰镇调圮村海岸外 80 米处。因岛形似叶子，故名。沙泥岛。岸线长 264 米，面积 3 512 平方米。植被有灌木。

洋仔墩 (Yángzǎi Dūn)

北纬 19°56.3′、东经 110°35.5′。位于海口市演丰镇调圮村海岸外 170 米处。

当地群众惯称。《全国海岛名称与代码》（2008）称为洋仔墩。沙泥岛。岸线长576米，面积11 822平方米，最高点高程1.1米。植被有灌木、草丛。

罗北堆（Luóběi duī）

北纬19°53.9′、东经110°36.3′。位于海口市三江镇昆山村海岸外70米处。当地群众惯称。沙泥岛。岸线长515米，面积9 807米。植被有灌木、草丛。西侧有一座水泥桥与陆地相连。建有数间水泥房屋，有养殖池塘。水电从岛外引入。

四脚坡岛（Sìjiǎopō Dǎo）

北纬19°56.0′、东经110°37.5′。位于海口市三江镇旗调村海岸外130米处。当地群众惯称。《全国海岛名称与代码》（2008）称为四脚坡岛。沙泥岛。岸线长1.73千米，面积0.085 4平方千米。植被有灌木、草丛。有废弃养殖塘数口。

东华坡岛（Dōnghuàpō Dǎo）

北纬19°57.0′、东经110°37.2′。位于海口市三江镇上山村海岸外140米处。原为东华村旧址，因“华”为姓氏名称时读去声，与“化”同音，文称东化坡。因1605年琼北大地震，东华村迁出后得名。《全国海岛名称与代码》（2008）称为东华坡岛。沙泥岛。岸线长1千米，面积0.03平方千米，最高点高程0.9米。植被有灌木、草丛。有养殖虾塘及水泥房。水电从岛外引入。

放牛岛（Fàngniú Dǎo）

北纬20°00.5′、东经110°36.4′。位于文昌市铺前镇南洋村海岸外130米处。因当地群众常在岛上放牛而得名。曾名南洋牛坡。《中国海域地名志》（1989）、《中国海域地名图集》（1991）称为放牛岛。沙泥岛。岸线长1.42千米，面积0.104 5平方千米。有养殖池塘、仿欧式别墅，及可停泊小型快艇的码头1座，水电从岛外引入。

江围墩（Jiāngwéi Dūn）

北纬20°01.3′、东经110°35.6′。位于文昌市铺前镇香园村海岸外110米处。《中国海域地名志》（1989）称为香园坡；《全国海岛名称与代码》（2008）称为江围墩。沙泥岛。岸线长2千米，面积0.119 5平方千米，最高点高程1.2米。

植被有灌木、草丛。有养殖池塘，有围堤与陆地相连，水电从岛外引入。

牛姆石 (Niúmǔ Shí)

北纬 20°03.1′、东经 110°33.8′。位于文昌市铺前镇西部海岸外 640 米处。《中国海域地名志》（1989）称为牛姆石，曾名大石。基岩岛。岸线长 61 米，面积 259 平方米。无植被。

牛仔岛 (Niúzǎi Dǎo)

北纬 20°03.1′、东经 110°33.8′。位于文昌市铺前镇西部海岸外 690 米处。因处牛姆石附近且面积较小，第二次全国海域地名普查时命今名。基岩岛。岸线长 20 米，面积 27 平方米。

三灶南岛 (Sānzào Nándǎo)

北纬 20°04.1′、东经 110°34.0′。位于文昌市铺前镇西部海岸外 330 米处。因处低潮高地三角灶南侧，第二次全国海域地名普查时命今名。基岩岛。岸线长 94 米，面积 547 平方米。无植被。

安彦石 (Ānyàn Shí)

北纬 20°04.2′、东经 110°34.0′。位于文昌市铺前镇西部海岸外 570 米处。当地群众惯称安彦石，曾名二排。《中国海域地名志》（1989）、2006 年海南省人民政府公布第一批海岛名录、《全国海岛名称与代码》（2008）、《海南岛周边岛屿图册》（2009）均称为安彦石。基岩岛。岸线长 146 米，面积 697 平方米。

小仕尾岛 (Xiǎoshìwěi Dǎo)

北纬 20°05.6′、东经 110°34.1′。位于文昌市铺前镇七星岭海岸外 450 米处。第二次全国海域地名普查时命今名。基岩岛。岸线长 95 米，面积 519 平方米。无植被。有国家大地测绘控制点。

仕尾沙岛 (Shìwěishā Dǎo)

北纬 20°05.6′、东经 110°34.0′。位于文昌市铺前镇七星岭海岸外 440 米处。第二次全国海域地名普查时命今名。基岩岛。岸线长 67 米，面积 309 平方米。无植被。

岭肚下石 (Lǐngdùxià Shí)

北纬 20°05.9′、东经 110°34.7′。位于文昌市铺前镇海岸外 140 米处。《中国海域地名图集》（1991）标注为岭肚下石。基岩岛。岸线长 25 米，面积 30 平方米。无植被。

下坡岛 (Xiàpō Dǎo)

北纬 20°05.8′、东经 110°34.7′。位于文昌市铺前镇七星岭海岸外 130 米处。因处下坡村附近海域，第二次全国海域地名普查时命今名。基岩岛。岸线长 35 米，面积 100 平方米。无植被。

下坡仔岛 (Xiàpōzǎi Dǎo)

北纬 20°05.9′、东经 110°34.7′。位于文昌市铺前镇七星岭海岸外 130 米处。因处下坡岛旁，岛体较小，第二次全国海域地名普查时命今名。基岩岛。岸线长 30 米，面积 80 平方米。无植被。

突石岛 (Tūshí Dǎo)

北纬 20°05.9′、东经 110°35.1′。位于文昌市铺前镇七星岭海岸外 90 米处。岛体为一块平坦的礁石，因中间有一小块礁石突出，第二次全国海域地名普查时命今名。基岩岛。岸线长 29 米，面积 62 平方米。无植被。

突石仔岛 (Tūshízǎi Dǎo)

北纬 20°05.9′、东经 110°35.1′。位于文昌市铺前镇七星岭海岸外 70 米处。因处突石岛旁，岛体较小，第二次全国海域地名普查时命今名。基岩岛。岸线长 31 米，面积 68 平方米。无植被。

突石西岛 (Tūshí Xīdǎo)

北纬 20°05.9′、东经 110°35.1′。位于文昌市铺前镇七星岭海岸外 70 米处。因处突石岛西侧，第二次全国海域地名普查时命今名。基岩岛。岸线长 31 米，面积 57 平方米。无植被。

突石南岛 (Tūshí Nándǎo)

北纬 20°05.9′、东经 110°35.1′。位于文昌市铺前镇七星岭海岸外 80 米处。因处突石岛南侧，第二次全国海域地名普查时命今名。基岩岛。岸线长 33 米，面积 67 平方米。无植被。

文尖石 (Wénjiān Shí)

北纬 20°06.7′、东经 110°35.8′。位于文昌市铺前镇东北部海岸外 150 米处。《中国海域地名图集》（1991）标注为文尖石。基岩岛。岸线长 45 米，面积 60 平方米。无植被。

青礁岛 (Qīngjiāo Dǎo)

北纬 20°06.8′、东经 110°35.9′。位于文昌市铺前镇东北部海岸外 250 米处。因岛上有多块长满青苔的礁石，第二次全国海域地名普查时命今名。基岩岛。岸线长 25 米，面积 40 平方米。无植被。

民石 (Mín Shí)

北纬 20°06.7′、东经 110°36.0′。位于文昌市铺前镇东北部海岸外 160 米处。《中国海域地名图集》（1991）标注为民石。基岩岛。岸线长 63 米，面积 170 平方米。无植被。

叠岩岛 (Diéyán Dǎo)

北纬 20°06.8′、东经 110°36.5′。位于文昌市铺前镇东北部海岸外 310 米处。因岛上礁石层层垒叠，第二次全国海域地名普查时命今名。基岩岛。岸线长 88 米，面积 414 平方米。无植被。

火石仔岛 (Huǒshízǎi Dǎo)

北纬 20°06.6′、东经 110°37.0′。位于文昌市铺前镇东北部海岸外 170 米处。因处低潮高地老火石旁，岛体较小，第二次全国海域地名普查时命今名。基岩岛。岸线长 92 米，面积 425 平方米。无植被。

火石西岛 (Huǒshí Xīdǎo)

北纬 20°06.6′、东经 110°37.0′。位于文昌市铺前镇东北部海岸外 180 米处。因处低潮高地老火石西侧，第二次全国海域地名普查时命今名。基岩岛。岸线长 55 米，面积 167 平方米。无植被。

火石东岛 (Huǒshí Dōngdǎo)

北纬 20°06.6′、东经 110°37.4′。位于文昌市铺前镇东北部海岸外 270 米处。

因处低潮高地老火石东侧，第二次全国海域地名普查时命今名。基岩岛。岸线长 71 米，面积 225 平方米。无植被。

双丸石（Shuāngwán Shí）

北纬 20°06.6′、东经 110°37.4′。位于文昌市铺前镇东北部海岸外 230 米处。《中国海域地名图集》（1991）标注为双丸石。基岩岛。岸线长 35 米，面积 84 平方米。无植被。

独屋岛（Dúwū Dǎo）

北纬 20°06.5′、东经 110°37.5′。位于文昌市铺前镇东北部海岸外 150 米处。因岛上遗留有一间房屋，第二次全国海域地名普查时命今名。基岩岛。岸线长 121 米，面积 503 平方米。无植被。有废弃养殖用房。

铁砧石（Tiězhēn Shí）

北纬 20°06.8′、东经 110°37.6′。位于文昌市铺前镇东北部海岸外 760 米处。岛中有一石突起，上部呈四方形，宽约 2 米，顶部平坦，形似打铁用的铁砧，故名。《中国海域地名志》（1989）称为铁砧石。基岩岛。岸线长 339 米，面积 3 622 平方米。无植被。

谈文岛（Tánwén Dǎo）

北纬 20°06.7′、东经 110°37.5′。位于文昌市铺前镇谈文村海岸外 520 米处。因处谈文村附近海域，第二次全国海域地名普查时命今名。基岩岛。岸线长 337 米，面积 3 774 平方米。无植被。

谈文南岛（Tánwén Nándǎo）

北纬 20°06.6′、东经 110°37.5′。位于文昌市铺前镇谈文村海岸外 300 米处。因处谈文岛南侧，第二次全国海域地名普查时命今名。基岩岛。岸线长 144 米，面积 1 225 平方米。无植被。

飞鹰岛（Fēiyīng Dǎo）

北纬 20°06.8′、东经 110°37.8′。位于文昌市铺前镇东北部海岸外 830 米处。因形如一只趴在海面的飞鹰，第二次全国海域地名普查时命今名。基岩岛。岸线长 87 米，面积 542 平方米。无植被。

小礁岛 (Xiǎojiāo Dǎo)

北纬 20°07.1′、东经 110°39.4′。位于文昌市铺前镇木栏头海岸外 80 米处。因由多块小礁石构成，第二次全国海域地名普查时命今名。基岩岛。岸线长 77 米，面积 417 平方米。无植被。

小礁北岛 (Xiǎojiāo Běidǎo)

北纬 20°07.1′、东经 110°39.4′。位于文昌市铺前镇木栏头海岸外 70 米处。因处小礁岛北侧，第二次全国海域地名普查时命今名。基岩岛。岸线长 54 米，面积 207 平方米。无植被。

谷尾南岛 (Gùwěi Nándǎo)

北纬 20°07.2′、东经 110°39.4′。位于文昌市铺前镇木栏头海岸外 60 米处。因处低潮高地谷尾礁南侧，第二次全国海域地名普查时命今名。基岩岛。岸线长 62 米，面积 280 平方米。无植被。

谷尾西岛 (Gùwěi Xīdǎo)

北纬 20°07.3′、东经 110°39.4′。位于文昌市铺前镇木栏头海岸外 130 米处。因处低潮高地谷尾礁西侧，第二次全国海域地名普查时命今名。基岩岛。岸线长 90 米，面积 542 平方米。无植被。

谷尾东岛 (Gùwěi Dōngdǎo)

北纬 20°07.2′、东经 110°39.7′。位于文昌市铺前镇木栏头海岸外 150 米处。因处低潮高地谷尾礁东侧，第二次全国海域地名普查时命今名。基岩岛。无植被。

黑礁岛 (Hēijiāo Dǎo)

北纬 20°07.6′、东经 110°39.6′。位于文昌市铺前镇木栏头海岸外 60 米处。因岛体为一块黑色礁石，第二次全国海域地名普查时命今名。基岩岛。岸线长 91 米，面积 525 平方米。无植被。

黑礁东岛 (Hēijiāo Dōngdǎo)

北纬 20°07.6′、东经 110°39.7′。位于文昌市铺前镇木栏头海岸外 60 米处。因处黑礁岛东侧，第二次全国海域地名普查时命今名。基岩岛。岸线长 36 米，面积 83 平方米。无植被。

星峙 (Xīng Zhì)

北纬 20°09.0′、东经 110°40.1′。位于文昌市铺前镇木栏头海岸外 340 米处。《中国海域地名志》(1989)、《海南岛周边岛屿图册》(2009)称为星峙,曾用名青堆礁。基岩岛。岸线长 332 米,面积 6 925 平方米,最高点高程 5.1 米。植被有灌木、草丛。

星峙仔岛 (Xīngzhìzǎi Dǎo)

北纬 20°09.2′、东经 110°40.1′。位于文昌市铺前镇木栏头海岸外 370 米处。因处星峙旁且面积较其小,第二次全国海域地名普查时命今名。基岩岛。岸线长 249 米,面积 3 030 平方米。无植被。

星峙头岛 (Xīngzhìtóu Dǎo)

北纬 20°09.3′、东经 110°40.1′。位于文昌市铺前镇木栏头海岸外 440 米处。当地习惯以北为头、以南为尾,因此岛处星峙北侧,第二次全国海域地名普查时命今名。基岩岛。岸线长 111 米,面积 576 平方米。无植被。

星峙尾岛 (Xīngzhìwěi Dǎo)

北纬 20°09.0′、东经 110°40.1′。位于文昌市铺前镇木栏头海岸外 470 米处。当地习惯以北为头、以南为尾,因此岛处星峙南侧,第二次全国海域地名普查时命今名。基岩岛。岸线长 74 米,面积 275 平方米。无植被。

星峙东岛 (Xīngzhì Dōngdǎo)

北纬 20°09.3′、东经 110°40.4′。位于文昌市铺前镇木栏头海岸外 90 米处。因处星峙东侧,第二次全国海域地名普查时命今名。基岩岛。岸线长 74 米,面积 277 平方米。无植被。

星峙西岛 (Xīngzhì Xīdǎo)

北纬 20°09.0′、东经 110°40.0′。位于文昌市铺前镇木栏头海岸外 430 米处。因处星峙西侧,第二次全国海域地名普查时命今名。基岩岛。岸线长 146 米,面积 920 平方米。无植被。

峙北 (Zhìběi)

北纬 20°09.2′、东经 110°40.3′。位于文昌市铺前镇木栏头海岸外 170 米处。

因退潮时与大陆相连，涨潮时与大陆分开，且方位在北而得名。2006 年海南省人民政府公布的第一批海岛名录、《全国海岛名称与代码》（2008）、《海南岛周边岛屿图册》（2009）均称为峙北。基岩岛。面积 25 平方米。无植被。

外挂峙 (Wàiguà Zhì)

北纬 20°09.4′、东经 110°40.7′。位于文昌市铺前镇木栏头海岸外 100 米处。曾名外挂。《中国海域地名志》（1989）、2006 年海南省人民政府公布的第一批海岛名录、《全国海岛名称与代码》（2008）、《海南岛周边岛屿图册》（2009）均称为外挂峙。基岩岛。岸线长 462 米，面积 4 667 平方米，最高点高程 2.7 米。无植被。

虎威岛 (Hǔwēi Dǎo)

北纬 20°09.4′、东经 110°40.8′。位于文昌市铺前镇木栏头海岸外 110 米处。因处虎威岭北侧，第二次全国海域地名普查时命今名。基岩岛。岸线长 230 米，面积 1 200 平方米。无植被。

虎威东岛 (Hǔwēi Dōngdǎo)

北纬 20°09.4′、东经 110°40.8′。位于文昌市铺前镇木栏头海岸外 80 米处。因处虎威岛东侧，第二次全国海域地名普查时命今名。基岩岛。岸线长 162 米，面积 714 平方米。无植被。

蛙石岛 (Wāshí Dǎo)

北纬 20°09.5′、东经 110°41.0′。位于文昌市铺前镇木栏头海岸外 40 米处。因形如一只卧在海面上的青蛙，第二次全国海域地名普查时命今名。基岩岛。岸线长 59 米，面积 231 平方米。无植被。

黑岩岛 (Hēiyán Dǎo)

北纬 20°09.5′、东经 110°40.9′。位于文昌市铺前镇木栏头海岸外 30 米处。因岛体为一块黑色方形礁石，第二次全国海域地名普查时命今名。基岩岛。岸线长 101 米，面积 687 平方米。无植被。

侧峰岛 (Cèfēng Dǎo)

北纬 20°09.6′、东经 110°41.0′。位于文昌市铺前镇木栏头海岸外 20 米处。

因侧观状如一座倾斜的山峰，第二次全国海域地名普查时命今名。基岩岛。岸线长 123 米，面积 857 平方米。无植被。

望塔岛 (Wàngtǎ Dǎo)

北纬 20°09.7′、东经 110°41.0′。位于文昌市铺前镇木栏头海岸外 30 米处。因处木栏头灯塔附近，能够近距离观望灯塔，第二次全国海域地名普查时命今名。基岩岛。岸线长 58 米，面积 251 平方米。无植被。

盼归岛 (Pànguī Dǎo)

北纬 20°09.6′、东经 110°41.2′。位于文昌市铺前镇木栏头海岸外 30 米处。因处木栏头灯塔旁边，如同在盼望海上亲人早日归来，第二次全国海域地名普查时命今名。基岩岛。岸线长 79 米，面积 379 平方米。无植被。

海南角岛 (Hǎinánjiǎo Dǎo)

北纬 20°09.7′、东经 110°41.3′。位于文昌市铺前镇木栏头海岸外 60 米处。因其附近有岬角名海南角，故名。《全国海岛名称与代码》(2008) 称为海南角岛。基岩岛。岸线长 537 米，面积 10 269 平方米。无植被。

角仔岛 (Jiǎo zǎi Dǎo)

北纬 20°09.7′、东经 110°41.3′。位于文昌市铺前镇木栏头海岸外 150 米处。因处海南角岛附近且面积较小，第二次全国海域地名普查时命今名。基岩岛。岸线长 122 米，面积 847 平方米。无植被。

角南岛 (Jiǎo nán Dǎo)

北纬 20°09.6′、东经 110°41.3′。位于文昌市铺前镇木栏头海岸外 20 米处。因处海南角岛南侧，第二次全国海域地名普查时命今名。基岩岛。岸线长 157 米，面积 1 458 平方米。无植被。有废弃的养殖设施。

角西岛 (Jiǎoxī Dǎo)

北纬 20°09.6′、东经 110°41.2′。位于文昌市铺前镇木栏头海岸外 30 米处。因处海南角岛西侧，第二次全国海域地名普查时命今名。基岩岛。岸线长 119 米，面积 852 平方米。无植被。

角东岛 (Jiǎodōng Dǎo)

北纬 20°09.7′、东经 110°41.3′。位于文昌市铺前镇木栏头海岸外 150 米处。因处海南角岛东侧，第二次全国海域地名普查时命今名。基岩岛。岸线长 106 米，面积 786 平方米。无植被。

绿湖岛 (Lǜhú Dǎo)

北纬 20°09.5′、东经 110°41.3′。位于文昌市铺前镇木栏头海岸外 20 米处。为一离岸很近的巨大礁石，因岛中部有一处较大凹陷，海水灌入其中形成湖状，边缘长有青苔，如同一池绿色湖水，第二次全国海域地名普查时命今名。基岩岛。岸线长 177 米，面积 1 241 平方米。无植被。

绿湖仔岛 (Lǜhúzǎi Dǎo)

北纬 20°09.5′、东经 110°41.3′。位于文昌市铺前镇木栏头海岸外 40 米处。因处绿湖岛旁，且面积较绿湖岛小，第二次全国海域地名普查时命今名。基岩岛。岸线长 67 米，面积 328 平方米。无植被。

绿湖尾岛 (Lǜhúwěi Dǎo)

北纬 20°09.5′、东经 110°41.3′。位于文昌市铺前镇木栏头海岸外 20 米处。当地习惯以北为头、以南为尾，因该岛处绿湖岛南侧，第二次全国海域地名普查时命今名。基岩岛。岸线长 199 米，面积 1 327 平方米。无植被。

双鱼岛 (Shuāngyú Dǎo)

北纬 20°09.4′、东经 110°41.3′。位于文昌市铺前镇木栏头海岸外 50 米处。因岛体为两块长条形礁石，如双鱼嬉戏，第二次全国海域地名普查时命今名。基岩岛。岸线长 95 米，面积 447 平方米。无植被。

双鱼仔岛 (Shuāngyúzǎi Dǎo)

北纬 20°09.4′、东经 110°41.3′。位于文昌市铺前镇木栏头海岸外 20 米处。因处双鱼岛旁，且面积较双鱼岛小，第二次全国海域地名普查时命今名。基岩岛。岸线长 66 米，面积 158 平方米。无植被。

望星岛 (Wàngxīng Dǎo)

北纬 20°09.3′、东经 110°41.3′。位于文昌市铺前镇木栏头海岸外 20 米处。

因形如一人平躺海面仰望星空，第二次全国海域地名普查时命今名。基岩岛。岸线长 95 米，面积 412 平方米。无植被。

沙心岛 (Shāxīn Dǎo)

北纬 20°09.2′、东经 110°41.3′。位于文昌市铺前镇木栏头海岸外 20 米处。由一块礁石构成，因岛中央为沙地，第二次全国海域地名普查时命今名。基岩岛。岸线长 195 米，面积 2 017 平方米。无植被。

沙心仔岛 (Shāxīnzǎi Dǎo)

北纬 20°09.3′、东经 110°41.3′。位于文昌市铺前镇木栏头海岸外 20 米处。因处沙心岛旁，且面积较沙心岛小，第二次全国海域地名普查时命今名。基岩岛。岸线长 27 米，面积 53 平方米。无植被。

沙心头岛 (Shāxīntóu Dǎo)

北纬 20°09.3′、东经 110°41.3′。位于文昌市铺前镇木栏头海岸外 30 米处。当地习惯以北为头、以南为尾，因处沙心岛北侧海域，第二次全国海域地名普查时命今名。基岩岛。岸线长 135 米，面积 767 平方米。无植被。

沙心北岛 (Shāxīn Běidǎo)

北纬 20°09.3′、东经 110°41.3′。位于文昌市铺前镇木栏头海岸外 60 米处。因处沙心岛北侧海域，第二次全国海域地名普查时命今名。基岩岛。岸线长 55 米，面积 188 平方米。无植被。

沙心尾岛 (Shāxīnwěi Dǎo)

北纬 20°09.2′、东经 110°41.3′。位于文昌市铺前镇木栏头海岸外 60 米处。当地习惯以北为头、以南为尾，因处沙心岛南侧海域，第二次全国海域地名普查时命今名。基岩岛。岸线长 70 米，面积 186 平方米。无植被。

沙心西岛 (Shāxīn Xīdǎo)

北纬 20°09.3′、东经 110°41.3′。位于文昌市铺前镇木栏头海岸外 10 米处。因处沙心岛西侧海域，第二次全国海域地名普查时命今名。基岩岛。岸线长 56 米，面积 221 平方米。无植被。

黑鲛岛 (Hēijiāo Dǎo)

北纬 20°09.2′、东经 110°41.3′。位于文昌市铺前镇木栏头海岸外 60 米处。因形如一条黑色的马鲛鱼，第二次全国海域地名普查时命今名。基岩岛。岸线长 67 米，面积 319 平方米。无植被。

黑鲛南岛 (Hēijiāo Nándǎo)

北纬 20°09.1′、东经 110°41.4′。位于文昌市铺前镇木栏头海岸外 20 米处。因处黑鲛岛南侧海域，第二次全国海域地名普查时命今名。基岩岛。岸线长 158 米，面积 944 平方米。无植被。

中洼岛 (Zhōngwā Dǎo)

北纬 20°09.0′、东经 110°41.4′。位于文昌市铺前镇木栏头海岸外 50 米处。因岛中央地势比周围低，受海水灌注形成洼地，第二次全国海域地名普查时命今名。基岩岛。岸线长 134 米，面积 849 平方米。无植被。

中洼仔岛 (Zhōngwāzǎi Dǎo)

北纬 20°09.1′、东经 110°41.4′。位于文昌市铺前镇木栏头海岸外 40 米处。因处中洼岛旁且岛体较小，第二次全国海域地名普查时命今名。基岩岛。岸线长 40 米，面积 104 平方米。无植被。

鸡公南岛 (Jīgōng Nándǎo)

北纬 20°09.1′、东经 110°41.4′。位于文昌市铺前镇木栏头海岸外 40 米处。因处低潮高地鸡公排南侧，第二次全国海域地名普查时命今名。基岩岛。岸线长 165 米，面积 1 675 平方米。无植被。

鳖头岛 (Biētóu Dǎo)

北纬 20°09.0′、东经 110°41.4′。位于文昌市铺前镇木栏头海岸外 70 米处。因形如一只黑鳖的头部，第二次全国海域地名普查时命今名。基岩岛。岸线长 54 米，面积 206 平方米。无植被。

鳖头北岛 (Biētóu Běidǎo)

北纬 20°09.1′、东经 110°41.4′。位于文昌市铺前镇木栏头海岸外 100 米处。因处鳖头岛北侧，第二次全国海域地名普查时命今名。基岩岛。岸线长 70 米，面积 349 平方米。无植被。

负子岛 (Fùzǐ Dǎo)

北纬 20°09.0′、东经 110°41.4′。位于文昌市铺前镇木栏头海岸外 50 米处。该岛主体礁石较为平坦，其上方中央有一块方形小礁石，如大礁石背负小礁石，第二次全国海域地名普查时命今名。基岩岛。岸线长 53 米，面积 207 平方米。无植被。

负子尾岛 (Fùzǐwěi Dǎo)

北纬 20°08.9′、东经 110°41.4′。位于文昌市铺前镇木栏头海岸外 30 米处。当地习惯以北为头、以南为尾，因此岛处负子岛南侧，第二次全国海域地名普查时命今名。基岩岛。岸线长 101 米，面积 398 平方米。无植被。

鸡姆排 (Jīmǔ Pái)

北纬 20°08.1′、东经 110°42.0′。位于文昌市铺前镇木栏头海岸外 30 米处。当地群众惯称。基岩岛。岸线长 157 米，面积 902 平方米。无植被。

鸡姆仔岛 (Jīmǔzǎi Dǎo)

北纬 20°08.1′、东经 110°41.9′。位于文昌市铺前镇木栏头海岸外 30 米处。因处鸡姆排旁，岛体较小，第二次全国海域地名普查时命今名。基岩岛。岸线长 34 米，面积 85 平方米。无植被。

鸡姆头岛 (Jīmǔtóu Dǎo)

北纬 20°08.1′、东经 110°42.0′。位于文昌市铺前镇木栏头海岸外 100 米处。当地习惯以北为头、以南为尾，因此岛处鸡姆排北侧，第二次全国海域地名普查时命今名。基岩岛。岸线长 125 米，面积 916 平方米。无植被。

鸡姆北岛 (Jīmǔ Běidǎo)

北纬 20°08.1′、东经 110°41.9′。位于文昌市铺前镇木栏头海岸外 30 米处。因处鸡姆排北侧，第二次全国海域地名普查时命今名。基岩岛。岸线长 46 米，面积 116 平方米。无植被。

鸡姆东岛 (Jīmǔ Dōngdǎo)

北纬 20°08.1′、东经 110°42.0′。位于文昌市铺前镇木栏头海岸外 60 米处。

因处鸡姆排东侧，第二次全国海域地名普查时命今名。基岩岛。岸线长 45 米，面积 128 平方米。无植被。

峰石岛 (Fēngshí Dǎo)

北纬 20°02.8′、东经 110°45.6′。位于文昌市锦山镇潮滩港海岸外 100 米处。因岛体礁石形如山峰，第二次全国海域地名普查时命今名。基岩岛。岸线长 261 米，面积 3 724 平方米。无植被。

峰石北岛 (Fēngshí Běidǎo)

北纬 20°02.9′、东经 110°45.6′。位于文昌市锦山镇潮滩港海岸外 310 米处。因处峰石岛北侧，第二次全国海域地名普查时命今名。基岩岛。岸线长 213 米，面积 1 834 平方米。无植被。

峰石东岛 (Fēngshí Dōngdǎo)

北纬 20°02.8′、东经 110°45.9′。位于文昌市锦山镇潮滩港海岸外 320 米处。因处峰石岛东侧，第二次全国海域地名普查时命今名。基岩岛。岸线长 87 米，面积 515 平方米。无植被。

港峰岛 (Gǎngfēng Dǎo)

北纬 20°02.8′、东经 110°45.7′。位于文昌市锦山镇潮滩港海岸外 130 米处。因其处一渔港内，且岛体形似山峰，第二次全国海域地名普查时命今名。基岩岛。岸线长 210 米，面积 2 534 平方米。无植被。

潮滩角 (Cháotān Jiǎo)

北纬 20°03.0′、东经 110°45.9′。位于文昌市锦山镇潮滩港海岸外 600 米处。因处潮滩港附近海域，故名。《全国海岛名称与代码》（2008）称为潮滩角。基岩岛。岸线长 610 米，面积 6 115 平方米。无植被。

双子岛 (Shuāngzǐ Dǎo)

北纬 20°02.8′、东经 110°45.9′。位于文昌市锦山镇潮滩港海岸外 340 米处。因其主体为两块礁石，如同一对孪生子，第二次全国海域地名普查时命今名。基岩岛。岸线长 27 米，面积 52 平方米。无植被。

鸟礁（Niǎo Jiāo）

北纬 20°02.9′、东经 110°46.3′。位于文昌市锦山镇潮滩港海岸外 970 米处。《中国海域地名图集》（1991）标注为鸟礁。基岩岛。岸线长 118 米，面积 863 平方米。无植被。

鸟西岛（Niǎoxī Dǎo）

北纬 20°02.8′、东经 110°45.9′。位于文昌市锦山镇潮滩港海岸外 340 米处。因处鸟礁西侧，第二次全国海域地名普查时命今名。基岩岛。岸线长 23 米，面积 37 平方米。无植被。

鸟仔岛（Niǎozǎi Dǎo）

北纬 20°02.8′、东经 110°45.9′。位于文昌市锦山镇潮滩港海岸外 340 米处。因其为鸟礁旁边的一个小岛，第二次全国海域地名普查时命今名。基岩岛。岸线长 18 米，面积 25 平方米。无植被。

龙舌岛（Lóngshé Dǎo）

北纬 20°02.9′、东经 110°46.4′。位于文昌市锦山镇龙舌村海岸外 1.07 千米处。因处龙舌村附近海域，第二次全国海域地名普查时命今名。基岩岛。岸线长 71 米，面积 350 平方米。无植被。

龙舌仔岛（Lóngshézǎi Dǎo）

北纬 20°02.9′、东经 110°46.4′。位于文昌市锦山镇龙舌村海岸外 1.04 千米处。因处龙舌岛旁且面积较小，第二次全国海域地名普查时命今名。基岩岛。岸线长 71 米，面积 274 平方米。无植被。

翠石岛（Cuìshí Dǎo）

北纬 20°02.9′、东经 110°46.4′。位于文昌市锦山镇潮滩港海岸外 1.11 千米处。因岛体遍布青苔，如同披上一件翠绿的外衣，第二次全国海域地名普查时命今名。基岩岛。岸线长 98 米，面积 622 平方米。无植被。

绿礁岛（Lǜjiāo Dǎo）

北纬 20°02.9′、东经 110°46.4′。位于文昌市锦山镇潮滩港海岸外 1.06 千米处。因岛体礁石长满青苔，第二次全国海域地名普查时命今名。基岩岛。岸线长 71 米，面积 372 平方米。无植被。

东牛母石 (Dōngniúmǔ Shí)

北纬 19°59.8′、东经 110°52.8′。位于文昌市翁田镇土吉村海岸外 240 米处。原名牛姆石，1984 年更名东牛母石。《中国海域地名志》（1989）称为东牛母石。基岩岛。岸线长 67 米，面积 343 平方米。无植被。

德元岛 (Déyuán Dǎo)

北纬 19°59.9′、东经 110°53.4′。位于文昌市翁田镇德元村海岸外 70 米处。因处德元村附近海域，第二次全国海域地名普查时命今名。基岩岛。岸线长 42 米，面积 114 平方米。无植被。

德元小岛 (Déyuán Xiǎodǎo)

北纬 19°59.8′、东经 110°53.0′。位于文昌市翁田镇海岸外 110 米处。因处德元村附近海域，且面积较小，第二次全国海域地名普查时命今名。基岩岛。岸线长 42 米，面积 95 平方米。无植被。

土吉岛 (Tǔjí Dǎo)

北纬 19°59.8′、东经 110°53.0′。位于文昌市翁田镇土吉村海岸外 90 米处。因处土吉村附近海域，第二次全国海域地名普查时命今名。基岩岛。岸线长 59 米，面积 224 平方米。无植被。

土吉北岛 (Tǔjí Běidǎo)

北纬 19°59.9′、东经 110°53.0′。位于文昌市翁田镇土吉村海岸外 210 米处。因处土吉岛北侧，第二次全国海域地名普查时命今名。基岩岛。岸线长 53 米，面积 188 平方米。无植被。

桃李岛 (Táolǐ Dǎo)

北纬 19°59.9′、东经 110°53.3′。位于文昌市翁田镇桃李村海岸外 80 米处。因处桃李村附近海域，第二次全国海域地名普查时命今名。基岩岛。岸线长 61 米，面积 164 平方米。无植被。

北坑公石 (Běikēnggōng Shí)

北纬 20°00.0′、东经 110°56.4′。位于文昌市翁田镇抱虎角海岸外 150 米处。

《中国海域地名志》（1989）称为北坑公石。基岩岛。岸线长 148 米，面积 1 251 平方米。无植被。

湖心岛（Húxīn Dǎo）

北纬 20°00.7′、东经 110°55.1′。位于文昌市翁田镇湖心村海岸外 130 米处。因处湖心村附近海域，第二次全国海域地名普查时命今名。基岩岛。岸线长 38 米，面积 110 平方米。无植被。

湖心东岛（Húxīn Dōngdǎo）

北纬 20°00.7′、东经 110°55.2′。位于文昌市翁田镇湖心村海岸外 100 米处。因处湖心岛东侧，第二次全国海域地名普查时命今名。基岩岛。岸线长 274 米，面积 4 269 平方米。无植被。

虎头岛（Hǔtóu Dǎo）

北纬 20°01.0′、东经 110°55.6′。位于文昌市翁田镇抱虎角海岸外 60 米处。当地习惯以北为头，以南为尾，因此岛处抱虎角以北海域，第二次全国海域地名普查时命今名。基岩岛。岸线长 185 米，面积 1 930 平方米。无植被。

虎头南岛（Hǔtóu Nándǎo）

北纬 20°00.8′、东经 110°55.9′。位于文昌市翁田镇抱虎角海岸外 80 米处。因处虎头岛南侧，第二次全国海域地名普查时命今名。基岩岛。岸线长 156 米，面积 1 156 平方米。无植被。

虎头东岛（Hǔtóu Dōngdǎo）

北纬 20°01.0′、东经 110°55.7′。位于文昌市翁田镇抱虎角海岸外 30 米处。因处虎头岛东侧，第二次全国海域地名普查时命今名。基岩岛。岸线长 191 米，面积 2 555 平方米。无植被。

大贺岛（Dàhè Dǎo）

北纬 20°00.3′、东经 110°56.2′。位于文昌市翁田镇大贺村海岸外 30 米处。因处大贺村附近海域，第二次全国海域地名普查时命今名。基岩岛。岸线长 60 米，面积 241 平方米。无植被。

大象石 (Dàxiàng Shí)

北纬 20°00.0′、东经 110°56.4′。位于文昌市翁田镇大塘村海岸外 40 米处。因岛体形如大象，故名。基岩岛。岸线长 223 米，面积 2 949 平方米。无植被。

象石北岛 (Xiàngshí Běidǎo)

北纬 20°00.0′、东经 110°56.3′。位于文昌市翁田镇大塘村海岸外 30 米处。因处大象石北侧，第二次全国海域地名普查时命今名。基岩岛。岸线长 414 米，面积 8 688 平方米。无植被。

大塘岛 (Dàtáng Dǎo)

北纬 19°59.6′、东经 110°56.6′。位于文昌市翁田镇大塘村海岸外 70 米处。因处大塘村附近海域，第二次全国海域地名普查时命今名。基岩岛。岸线长 287 米，面积 4 324 平方米。无植被。

青背岛 (Qīngbèi Dǎo)

北纬 19°59.0′、东经 110°57.1′。位于文昌市翁田镇内六村海岸外 60 米处。因部分岛体长有青苔，第二次全国海域地名普查时命今名。基岩岛。岸线长 30 米，面积 50 平方米。无植被。

内六岛 (Nèiliù Dǎo)

北纬 19°58.8′、东经 110°57.1′。位于文昌市翁田镇内六村海岸外 190 米处。因处内六村附近海域，第二次全国海域地名普查时命今名。基岩岛。岸线长 100 米，面积 150 平方米。无植被。

大坤岛 (Dàkūn Dǎo)

北纬 19°58.1′、东经 110°57.2′。位于文昌市翁田镇大坤村海岸外 40 米处。因处大坤村附近海域，第二次全国海域地名普查时命今名。基岩岛。岸线长 90 米，面积 569 平方米。无植被。

大坤仔岛 (Dàkūnzǎi Dǎo)

北纬 19°58.1′、东经 110°57.2′。位于文昌市翁田镇大坤村海岸外 30 米处。因处大坤岛附近，且面积较大坤岛小，第二次全国海域地名普查时命今名。基岩岛。岸线长 28 米，面积 52 平方米。无植被。

大坤头岛 (Dàkūntóu Dǎo)

北纬 19°58.3′、东经 110°57.2′。位于文昌市翁田镇大坤村海岸外 40 米处。当地习惯以北为头、以南为尾，该岛处大坤岛北侧，第二次全国海域地名普查时命今名。基岩岛。岸线长 58 米，面积 182 平方米。无植被。

大坤尾岛 (Dàkūnwěi Dǎo)

北纬 19°58.0′、东经 110°57.2′。位于文昌市翁田镇大坤村海岸外 20 米处。当地习惯以北为头、以南为尾，因此岛处大坤岛南侧，第二次全国海域地名普查时命今名。基岩岛。岸线长 113 米，面积 844 平方米。无植被。

北峙头岛 (Běizhìtóu Dǎo)

北纬 19°59.2′、东经 111°16.3′。处七洲列岛北部，距文昌市翁田镇海岸 32.74 千米。第二次全国海域地名普查时命今名。基岩岛。岸线长 60 米，面积 245 平方米。无植被。

北峙尾岛 (Běizhìwěi Dǎo)

北纬 19°58.6′、东经 111°16.3′。处七洲列岛北部，距文昌市翁田镇海岸 32.55 千米。第二次全国海域地名普查时命今名。基岩岛。岸线长 112 米，面积 969 平方米。无植被。

北峙东岛 (Běizhì Dōngdǎo)

北纬 19°58.7′、东经 111°16.4′。处七洲列岛北部，距文昌市翁田镇海岸 32.69 千米。第二次全国海域地名普查时命今名。基岩岛。岸线长 98 米，面积 586 平方米。无植被。

守峙西岛 (Shǒuzhì Xīdǎo)

北纬 19°58.6′、东经 111°16.3′。位于七洲列岛北部，距文昌市翁田镇海岸 32.43 千米。第二次全国海域地名普查时命今名。基岩岛。岸线长 98 米，面积 431 平方米。无植被。

守峙东岛 (Shǒuzhì Dōngdǎo)

北纬 19°58.6′、东经 111°16.3′。位于七洲列岛北部，距文昌市翁田镇海岸 32.45 千米。第二次全国海域地名普查时命今名。基岩岛。岸线长 73 米，面积

381 平方米。无植被。

灯仔岛 (Dēngzǎi Dǎo)

北纬 19°58.1′、东经 111°15.9′。处七洲列岛北部，距文昌市翁田镇海岸 31.68 千米。第二次全国海域地名普查时命今名。基岩岛。岸线长 54 米，面积 218 平方米。无植被。

灯峙头岛 (Dēngzhìtóu Dǎo)

北纬 19°58.2′、东经 111°15.9′。处七洲列岛北部，距文昌市翁田镇海岸 31.65 千米。第二次全国海域地名普查时命今名。基岩岛。岸线长 70 米，面积 333 平方米。无植被。

卵脬南岛 (Luǎnpāo Nándǎo)

北纬 19°57.9′、东经 111°15.6′。处七洲列岛北部，距文昌市翁田镇海岸 30.99 千米。第二次全国海域地名普查时命今名。基岩岛。岸线长 35 米，面积 72 平方米。无植被。

卵脬西岛 (Luǎnpāo Xīdǎo)

北纬 19°58.0′、东经 111°15.5′。处七洲列岛北部，距文昌市翁田镇海岸 30.84 千米。第二次全国海域地名普查时命今名。基岩岛。岸线长 152 米，面积 1 672 平方米。无植被。

栖鸟岛 (Qīniǎo Dǎo)

北纬 19°57.9′、东经 111°15.8′。处七洲列岛北部，距文昌市翁田镇海岸 31.24 千米。岛上礁石高大，常有海鸟在岛上栖息，第二次全国海域地名普查时命今名。基岩岛。岸线长 204 米，面积 2 887 平方米。无植被。

平峙仔岛 (Píngzhìzǎi Dǎo)

北纬 19°57.8′、东经 111°15.3′。处七洲列岛北部，距文昌市翁田镇海岸 30.4 千米。第二次全国海域地名普查时命今名。基岩岛。岸线长 108 米，面积 846 平方米。无植被。

平峙南岛 (Píngzhì Nándǎo)

北纬 19°57.7′、东经 111°15.2′。处七洲列岛北部，距文昌市翁田镇海岸

30.24 千米。第二次全国海域地名普查时命今名。基岩岛。岸线长 38 米，面积 106 平方米。无植被。

平峙东岛 (Píngzhì Dōngdǎo)

北纬 19°57.7′、东经 111°15.2′。处七洲列岛北部，距文昌市翁田镇海岸 30.21 千米。第二次全国海域地名普查时命今名。基岩岛。岸线长 213 米，面积 2 081 平方米。无植被。

白岩岛 (Báiyán Dǎo)

北纬 19°54.9′、东经 111°12.1′。处七洲列岛南部，距文昌市翁田镇海岸 25.4 千米。因岛体礁石为白色，第二次全国海域地名普查时命今名。基岩岛。面积 30 平方米。无植被。

矩石岛 (Jǔshí Dǎo)

北纬 19°54.4′、东经 111°12.2′。处七洲列岛南部，距文昌市翁田镇海岸 23.54 千米。因此岛侧面如规则的矩形，第二次全国海域地名普查时命今名。基岩岛。岸线长 30 米，面积 63 平方米。无植被。

南峙仔岛 (Nánzhìzǎi Dǎo)

北纬 19°54.6′、东经 111°11.9′。处七洲列岛南部，距文昌市翁田镇海岸 23.04 千米。第二次全国海域地名普查时命今名。基岩岛。岸线长 64 米，面积 288 平方米。无植被。

南峙头岛 (Nánzhìtóu Dǎo)

北纬 19°54.7′、东经 111°12.0′。处七洲列岛南部，距文昌市翁田镇海岸 23.42 千米。第二次全国海域地名普查时命今名。基岩岛。岸线长 79 米，面积 422 平方米。无植被。

南峙北 (Nánzhìběi)

北纬 19°54.9′、东经 111°12.0′。处七洲列岛南部，距文昌市翁田镇海岸 23.45 千米。2006 年海南省人民政府公布的第一批海岛名录、《海南岛周边岛屿图册》（2009）称为南峙北。基岩岛。岸线长 356 米，面积 4 688 平方米，最高点高程 15 米。无植被。

南峙尾岛 (Nánzhìwěi Dǎo)

北纬 19°54.3′、东经 111°12.0′。处七洲列岛南部，距文昌市翁田镇海岸 23.22 千米。第二次全国海域地名普查时命今名。基岩岛。岸线长 93 米，面积 534 平方米。无植被。

南峙东小岛 (Nánzhì Dōngxiǎo Dǎo)

北纬 19°54.6′、东经 111°12.1′。处七洲列岛南部，距文昌市翁田镇海岸 23.5 千米。第二次全国海域地名普查时命今名。基岩岛。岸线长 79 米，面积 352 平方米。无植被。

南峙小岛 (Nánzhì Xiǎodǎo)

北纬 19°54.6′、东经 111°12.2′。处七洲列岛南部，距文昌市翁田镇海岸 23.53 千米。第二次全国海域地名普查时命今名。基岩岛。岸线长 99 米，面积 718 平方米。无植被。

南仔岛 (Nánzǎi Dǎo)

北纬 19°54.6′、东经 111°12.1′。处七洲列岛南部，距文昌市翁田镇海岸 23.47 千米。第二次全国海域地名普查时命今名。基岩岛。岸线长 156 米，面积 1 335 平方米。无植被。

巨礁岛 (Jùjiāo Dǎo)

北纬 19°54.3′， 东经 111°12.1′。处七洲列岛南部，距文昌市翁田镇海岸 23.26 千米。因岛体为巨大的礁石，第二次全国海域地名普查时命今名。基岩岛。岸线长 61 米，面积 230 平方米。无植被。

双帆 (Shuāngfān)

北纬 19°53.0′、东经 111°12.7′。处七洲列岛南部，距文昌市翁田镇海岸 23.62 千米。又名峙仔、双帆岛。因由东西两半圆形小山峰并列组成，远观形似船帆，故名。2006 年海南省人民政府公布的第一批海岛名录称为双帆；《全国海岛名称与代码》（2008）称为双帆岛。《海南岛周边岛屿图册》（2009）载：“因是七洲列岛中较小一岛，渔民称峙仔。”基岩岛。岸线长 519 米，面积 12 508 平方米，最高点高程 74.8 米。为国家公布的领海基点岛。

双帆西岛（Shuāngfān Xīdǎo）

北纬 19°53.1′、东经 111°12.6′。处七洲列岛南部，距文昌市翁田镇海岸 23.54 千米。因处双帆西侧，第二次全国海域地名普查时命今名。基岩岛。岸线长 514 米，面积 10 947 平方米。植被有草丛。

峙峪（Zhìyù）

北纬 19°41.2′、东经 111°00.7′。位于文昌市龙楼镇宝陵河口海岸外 90 米处。曾名宝陵峙。峙峪意为峡谷中的岛，此岛位于宝陵河口，两岸地势对峙形如峡谷，故名。《中国海域地名志》（1989）、2006 年海南省人民政府公布的第一批海岛名录、《全国海岛名称与代码》（2008）、《海南岛周边岛屿图册》（2009）均称为峙峪。基岩岛。岸线长 356 米，面积 5 990 平方米，最高点高程 11.6 米。有海南省人民政府 2009 年设立的名称标志及小神龛 1 座。有自动气象观测站 1 处，由太阳能供电，无水源。

峪北岛（Yùběi Dǎo）

北纬 19°41.3′、东经 111°00.7′。位于文昌市龙楼镇宝陵河口海岸外 90 米处。因处峙峪北侧，第二次全国海域地名普查时命今名。基岩岛。岸线长 356 米，面积 5 990 平方米。无植被。

峪东岛（Yùdōng Dǎo）

北纬 19°41.3′、东经 111°00.8′。位于文昌市龙楼镇宝陵河口海岸外 220 米处。因处峙峪东侧，第二次全国海域地名普查时命今名。基岩岛。岸线长 56 米，面积 194 平方米。无植被。

宝港岛（Bǎogǎng Dǎo）

北纬 19°41.2′、东经 111°00.9′。位于文昌市龙楼镇宝陵河口海岸外 40 米处。因处宝陵港港口附近，第二次全国海域地名普查时命今名。基岩岛。岸线长 151 米，面积 1 668 平方米。

宝港南岛（Bǎogǎng Nándǎo）

北纬 19°41.2′、东经 111°00.9′。位于文昌市龙楼镇宝陵河口海岸外 20 米处。因处宝港岛南侧，第二次全国海域地名普查时命今名。基岩岛。岸线长 56 米，面积 198 平方米。无植被。

宝港东岛 (Bǎogǎng Dōngdǎo)

北纬 19°41.2′、东经 111°00.9′。位于文昌市龙楼镇宝陵河口海岸外 90 米处。因处宝港岛东侧，第二次全国海域地名普查时命今名。基岩岛。岸线长 36 米，面积 94 平方米。无植被。

宝港小岛 (Bǎogǎng Xiǎodǎo)

北纬 19°41.2′、东经 111°00.9′。位于文昌市龙楼镇宝陵河口海岸外 110 米处。因处宝港岛附近且岛体较小，第二次全国海域地名普查时命今名。基岩岛。岸线长 54 米，面积 201 平方米。无植被。

龟腹岛 (Guīfù Dǎo)

北纬 19°41.0′、东经 111°01.1′。位于文昌市铜鼓角海岸外 30 米处。因岛体形如龟腹，第二次全国海域地名普查时命今名。基岩岛。岸线长 39 米，面积 111 平方米。无植被。

粽岛 (Zòng Dǎo)

北纬 19°41.0′、东经 111°01.3′。位于文昌市铜鼓角海岸外 30 米处。因岛体形似粽子，第二次全国海域地名普查时命今名。基岩岛。岸线长 48 米，面积 144 平方米。无植被。

墨鱼岛 (Mòyú Dǎo)

北纬 19°41.0′、东经 111°01.3′。位于文昌市铜鼓角海岸外 10 米处。因岛体形似一只游在海中的墨鱼，第二次全国海域地名普查时命今名。基岩岛。岸线长 178 米，面积 1 155 平方米。无植被。

寿星岛 (Shòuxīng Dǎo)

北纬 19°40.9′、东经 111°01.4′。位于文昌市铜鼓角海岸外 60 米处。因岛体形如寿星，第二次全国海域地名普查时命今名。基岩岛。岸线长 176 米，面积 1 021 平方米。无植被。

寿星北岛 (Shòuxīng Běidǎo)

北纬 19°40.9′、东经 111°01.4′。位于文昌市铜鼓角海岸外 50 米处。因处寿星岛北侧，第二次全国海域地名普查时命今名。基岩岛。岸线长 179 米，面积 1 333 平方米。无植被。

玳瑁岛 (Dàimào Dǎo)

北纬 19°40.9′、东经 111°01.4′。位于文昌市铜鼓角海岸外 30 米处。因形如浮在海面的玳瑁，第二次全国海域地名普查时命今名。基岩岛。岸线长 58 米，面积 194 平方米。无植被。

观星岛 (Guānxīng Dǎo)

北纬 19°40.9′、东经 111°01.4′。位于文昌市铜鼓角海岸外 70 米处。因形如一人仰躺在海面观望星空，第二次全国海域地名普查时命今名。基岩岛。岸线长 104 米，面积 488 平方米。无植被。

泳象岛 (Yǒngxiàng Dǎo)

北纬 19°40.9′、东经 111°01.4′。位于文昌市铜鼓角海岸外 120 米处。因形似在水中游泳的大象，第二次全国海域地名普查时命今名。基岩岛。岸线长 34 米，面积 86 平方米。无植被。

童泳岛 (Tóngyǒng Dǎo)

北纬 19°40.8′、东经 111°01.4′。位于文昌市铜鼓角海岸外 40 米处。因形似在水中游泳的儿童，第二次全国海域地名普查时命今名。基岩岛。岸线长 35 米，面积 69 平方米。无植被。

金星岛 (Jīnxīng Dǎo)

北纬 19°40.8′、东经 111°01.4′。位于文昌市铜鼓角海岸外 40 米处。因处金星村附近海域，第二次全国海域地名普查时命今名。基岩岛。岸线长 31 米，面积 70 平方米。无植被。

兔岩岛 (Tùyán Dǎo)

北纬 19°40.7′、东经 111°01.4′。位于文昌市铜鼓角海岸外 50 米处。因形如卧在岩石上的兔子，第二次全国海域地名普查时命今名。基岩岛。面积 20 平方米。无植被。

寿桃岛 (Shòutáo Dǎo)

北纬 19°40.7′、东经 111°01.4′。位于文昌市铜鼓角海岸外 50 米处。因形如寿桃，第二次全国海域地名普查时命今名。基岩岛。岸线长 29 米，面积 59 平方米。无植被。

寿桃西岛 (Shòutáo Xīdǎo)

北纬 19°40.7′、东经 111°01.4′。位于文昌市铜鼓角海岸外 30 米处。因处寿桃岛西侧，第二次全国海域地名普查时命今名。基岩岛。岸线长 48 米，面积 169 平方米。无植被。

方石岛 (Fāngshí Dǎo)

北纬 19°40.5′、东经 111°01.5′。位于文昌市铜鼓角海岸外 40 米处。因岛体为一块方正的礁石，第二次全国海域地名普查时命今名。基岩岛。岸线长 40 米，面积 112 平方米。无植被。

龟背岛 (Guībèi Dǎo)

北纬 19°40.4′、东经 111°01.6′。位于文昌市铜鼓角海岸外 20 米处。因岛体形似龟背，第二次全国海域地名普查时命今名。基岩岛。面积 57 平方米。无植被。

龟背南岛 (Guībèi Nándǎo)

北纬 19°40.3′、东经 111°01.7′。位于文昌市铜鼓角海岸外 40 米处。因处龟背岛南侧，第二次全国海域地名普查时命今名。基岩岛。岸线长 48 米，面积 129 平方米。无植被。

鸟喙岛 (Niǎohuì Dǎo)

北纬 19°40.2′、东经 111°01.8′。位于文昌市铜鼓角海岸外 30 米处。因岛体形似鸟喙，第二次全国海域地名普查时命今名。基岩岛。岸线长 31 米，面积 59 平方米。无植被。

鸟喙北岛 (Niǎohuì Běidǎo)

北纬 19°40.3′、东经 111°01.8′。位于文昌市铜鼓角海岸外 20 米处。因处鸟喙岛北侧，第二次全国海域地名普查时命今名。基岩岛。岸线长 36 米，面积

88 平方米。无植被。

小澳岛 (Xiǎo'ào Dǎo)

北纬 19°40.0′、东经 111°01.7′。位于文昌市铜鼓角海岸外 40 米处。因处小澳港附近海域，第二次全国海域地名普查时命今名。基岩岛。岸线长 45 米，面积 126 平方米。无植被。

鱼头岛 (Yútóu Dǎo)

北纬 19°40.0′、东经 111°01.7′。位于文昌市铜鼓角海岸外 30 米处。因形如探出海面的鱼头，第二次全国海域地名普查时命今名。基岩岛。岸线长 29 米，面积 57 平方米。无植被。

鲸头岛 (Jīngtóu Dǎo)

北纬 19°39.4′、东经 111°01.7′。位于文昌市铜鼓角海岸外 50 米处。因形如鲸鱼的头部，第二次全国海域地名普查时命今名。基岩岛。岸线长 59 米，面积 173 平方米。无植被。

褐石岛 (Hèshí Dǎo)

北纬 19°39.2′、东经 111°01.7′。位于文昌市铜鼓角海岸外 60 米处。因岛体呈褐色，第二次全国海域地名普查时命今名。基岩岛。岸线长 26 米，面积 47 平方米。无植被。

乌石岛 (Wūshí Dǎo)

北纬 19°39.2′、东经 111°01.7′。位于文昌市铜鼓角海岸外 20 米处。因岛体呈乌黑色，第二次全国海域地名普查时命今名。基岩岛。岸线长 78 米，面积 420 平方米。无植被。

古松岛 (Gǔsōng Dǎo)

北纬 19°38.5′、东经 111°1.0′。位于文昌市龙楼镇古松村海岸外 40 米处。因处古松村附近海域，第二次全国海域地名普查时命今名。基岩岛。岸线长 75 米，面积 391 平方米。无植被。

大澳岛 (Dà'ào Dǎo)

北纬 19°38.9′、东经 111°02.0′。位于文昌市大澳湾海岸外 10 米处。因位于大澳港，第二次全国海域地名普查时命今名。基岩岛。岸线长 91 米，面积 440 平方米。无植被。

大澳北岛 (Dà'ào Běidǎo)

北纬 19°39.1′、东经 111°02.0′。位于文昌市大澳湾海岸外 10 米处。因处大澳岛北侧，第二次全国海域地名普查时命今名。基岩岛。岸线长 104 米，面积 791 平方米。无植被。

大澳南岛 (Dà'ào Nándǎo)

北纬 19°38.8′、东经 111°01.9′。位于文昌市大澳湾海岸外 10 米处。因处大澳岛南侧，第二次全国海域地名普查时命今名。基岩岛。岸线长 67 米，面积 230 平方米。无植被。

大澳仔岛 (Dà'àozǎi Dǎo)

北纬 19°38.9′、东经 111°02.0′。位于文昌市大澳湾海岸外 30 米处。因处大澳岛附近且岛体较小，第二次全国海域地名普查时命今名。基岩岛。岸线长 63 米，面积 237 平方米。无植被。

大石岛 (Dàshí Dǎo)

北纬 19°38.7′、东经 111°02.3′。位于文昌市大澳湾海岸外 30 米处。因岛体为一块大礁石，第二次全国海域地名普查时命今名。基岩岛。岸线长 25 米，面积 44 平方米。无植被。

头姆仔岛 (Tóumǔzǎi Dǎo)

北纬 19°38.1′、东经 111°01.8′。位于文昌市。第二次全国海域地名普查时命今名。基岩岛。岸线长 26 米，面积 49 平方米。无植被。

头姆北岛 (Tóumǔ Běidǎo)

北纬 19°38.2′、东经 111°01.8′。位于文昌市。第二次全国海域地名普查时命今名。基岩岛。岸线长 45 米，面积 129 平方米。无植被。

头姆西岛 (Tóumǔ Xīdǎo)

北纬 19°38.1′、东经 111°01.8′。位于文昌市。第二次全国海域地名普查时命今名。基岩岛。面积 20 平方米。无植被。

头姆东岛 (Tóumǔ Dōngdǎo)

北纬 19°38.1′、东经 111°01.8′。位于文昌市。第二次全国海域地名普查时命今名。基岩岛。面积 30 平方米。无植被。

独石 (Dú Shí)

北纬 19°37.9′、东经 111°01.5′。位于文昌市。因该岛孤立而得名。2006 年海南省人民政府公布的第一批海岛名录、《全国海岛名称与代码》(2008)称为独石。《海南岛周边岛屿图册》(2009)载:"该岛四周唯有此石,状似椰子,故人们称之为独石。"基岩岛。岸线长 131 米,面积 992 平方米,最高点高程 5.1 米。无植被。

独石仔岛 (Dúshízǎi Dǎo)

北纬 19°37.9′、东经 111°01.6′。位于文昌市。因邻近独石且面积较小,第二次全国海域地名普查时命今名。基岩岛。岸线长 18 米,面积 21 平方米。无植被。

独石西岛 (Dúshí Xīdǎo)

北纬 19°37.9′、东经 111°01.5′。位于文昌市。因处独石西侧,第二次全国海域地名普查时命今名。基岩岛。岸线长 102 米,面积 541 平方米。无植被。

半峦岛 (Bànluán Dǎo)

北纬 19°38.2′、东经 111°01.7′。位于文昌市。因岛体形似半个山峦,第二次全国海域地名普查时命今名。基岩岛。岸线长 31 米,面积 71 平方米。无植被。

尖棱岛 (Jiānléng Dǎo)

北纬 19°38.2′、东经 111°01.6′。位于文昌市。因岛体边缘棱角分明,第二次全国海域地名普查时命今名。基岩岛。岸线长 38 米,面积 84 平方米。无植被。

尖棱南岛 (Jiānléng Nándǎo)

北纬 19°38.2′、东经 111°01.6′。位于文昌市。因处尖棱岛南侧,第二次全国海域地名普查时命今名。基岩岛。岸线长 21 米,面积 33 平方米。无植被。

方岩岛 (Fāngyán Dǎo)

北纬 19°38.2′、东经 111°01.6′。位于文昌市。因岛体似四方体,第二次全国海域地名普查时命今名。基岩岛。岸线长 38 米,面积 95 平方米。无植被。

四钉岛 (Sìdīng Dǎo)

北纬 19°38.2′、东经 111°01.6′。位于文昌市。因岛上嵌有四根用于系缆泊船的大铁钉，第二次全国海域地名普查时命今名。基岩岛。岸线长 23 米，面积 36 平方米。无植被。

鱼跃岛 (Yúyuè Dǎo)

北纬 19°38.2′、东经 111°01.6′。位于文昌市。因形如鲤鱼跃龙门，第二次全国海域地名普查时命今名。基岩岛。岸线长 91 米，面积 514 平方米。无植被。

鱼跃仔岛 (Yúyuèzǎi Dǎo)

北纬 19°38.2′、东经 111°01.6′。位于文昌市。因邻近鱼跃岛且面积较小，第二次全国海域地名普查时命今名。基岩岛。岸线长 39 米，面积 100 平方米。无植被。

鱼跃西岛 (Yúyuè Xīdǎo)

北纬 19°38.2′、东经 111°01.5′。位于文昌市。因处鱼跃岛西侧，第二次全国海域地名普查时命今名。基岩岛。岸线长 84 米，面积 453 平方米。无植被。

鱼跃东岛 (Yúyuè Dōngdǎo)

北纬 19°38.2′、东经 111°01.7′。位于文昌市。因处鱼跃岛东侧，第二次全国海域地名普查时命今名。基岩岛。岸线长 34 米，面积 77 平方米。无植被。

古坝岛 (Gǔbà Dǎo)

北纬 19°38.2′、东经 111°01.6′。位于文昌市。因岛上遗留有一段堤坝，第二次全国海域地名普查时命今名。基岩岛。岸线长 104 米，面积 709 平方米。无植被。

蛇信岛 (Shéxìn Dǎo)

北纬 19°38.3′、东经 111°01.6′。位于文昌市。因岛体形如吐信的蛇头，第二次全国海域地名普查时命今名。基岩岛。岸线长 50 米，面积 180 平方米。无植被。

蛇信东岛 (Shéxìn Dōngdǎo)

北纬 19°38.3′、东经 111°01.6′。位于文昌市。因处蛇信岛东侧，第二次全国海域地名普查时命今名。基岩岛。岸线长32米，面积72平方米。无植被。

蛟痕岛（Jiāohén Dǎo）

北纬19°38.3′、东经111°01.6′。位于文昌市。临近蛟螺头，又因炸岛使其岛体上留有数条裂痕，第二次全国海域地名普查时命今名。基岩岛。岸线长56米，面积216平方米。无植被。

蛇信南岛（Shéxìn Nándǎo）

北纬19°38.2′、东经111°01.6′。位于文昌市。位于蛇信岛南侧，第二次全国海域地名普查时命今名。基岩岛。岸线长21米，面积29平方米。无植被。

围塘岛（Wéitáng Dǎo）

北纬19°38.3′、东经111°01.6′。位于文昌市。因岛上遗留一口四周被礁石和人工堤坝围住的养殖塘，第二次全国海域地名普查时命今名。基岩岛。岸线长51米，面积181平方米。无植被。

围塘东岛（Wéitáng Dōngdǎo）

北纬19°38.3′、东经111°01.6′。位于文昌市。因处围塘岛东侧，第二次全国海域地名普查时命今名。基岩岛。岸线长42米，面积127平方米。无植被。

三石岛（Sānshí Dǎo）

北纬19°38.2′、东经111°01.6′。位于文昌市。因由三块礁石组成，第二次全国海域地名普查时命今名。基岩岛。岸线长26米，面积48平方米。无植被。

三石南岛（Sānshí Nándǎo）

北纬19°38.2′、东经111°01.6′。位于文昌市。因处三石岛南侧，第二次全国海域地名普查时命今名。基岩岛。岸线长14米，面积14平方米。无植被。

定船岛（Dìngchuán Dǎo）

北纬19°38.3′、东经111°01.5′。位于文昌市。因岛上铸有可用于系缆泊船的铁棒，第二次全国海域地名普查时命今名。基岩岛。岸线长29米，面积56平方米。无植被。

定船南岛（Dìngchuán Nándǎo）

北纬19°38.2′、东经111°01.5′。位于文昌市。因处定船岛南侧，第二次全国海域地名普查时命今名。基岩岛。岸线长 28 米，面积 55 平方米。无植被。

唐洪内峙 (Tánghóng Nèizhì)

北纬 19°38.2′、东经 111°1.5′。位于文昌市。因处唐洪港内而得名。基岩岛。岸线长 488 米，面积 13 379 平方米，最高点高程 9.6 米。植被有灌木。

唐洪头岛 (Tánghóngtóu Dǎo)

北纬 19°38.3′、东经 111°01.5′。位于文昌市。当地习惯以北为头、以南为尾，因处唐洪内峙北侧，第二次全国海域地名普查时命今名。基岩岛。岸线长 23 米，面积 37 平方米。无植被。

唐洪尾岛 (Tánghóngwěi Dǎo)

北纬 19°38.2′、东经 111°01.5′。位于文昌市。当地习惯以北为头、以南为尾，因处唐洪内峙南侧，第二次全国海域地名普查时命今名。基岩岛。岸线长 40 米，面积 108 平方米。无植被。

唐洪东岛 (Tánghóng Dōngdǎo)

北纬 19°38.2′、东经 111°01.5′。位于文昌市。因处唐洪内峙东侧，第二次全国海域地名普查时命今名。基岩岛。岸线长 196 米，面积 2 401 平方米。无植被。

小唐洪岛 (Xiǎotánghóng Dǎo)

北纬 19°38.2′、东经 111°01.5′。位于文昌市。因处唐洪内峙附近，且面积较小，第二次全国海域地名普查时命今名。基岩岛。岸线长 91 米，面积 608 平方米。无植被。

翼岛 (Yì Dǎo)

北纬 19°38.2′、东经 111°01.5′。位于文昌市。因岛顶部礁石形如飞鸟之翼，第二次全国海域地名普查时命今名。基岩岛。岸线长 89 米，面积 551 平方米。无植被。

翼北岛 (Yì Běidǎo)

北纬 19°38.2′、东经 111°01.6′。位于文昌市。因处翼岛北侧，第二次全国海域地名普查时命今名。基岩岛。岸线长 44 米，面积 132 平方米。无植被。

翼东岛 (Yì Dōngdǎo)

北纬 19°38.2′、东经 111°01.5′。位于文昌市。因处翼岛东侧，第二次全国海域地名普查时命今名。基岩岛。岸线长 19 米，面积 25 平方米。无植被。

断边岛 (Duànbiān Dǎo)

北纬 19°38.3′、东经 111°01.4′。位于文昌市。因岛体礁石有一侧被炸断，第二次全国海域地名普查时命今名。基岩岛。岸线长 25 米，面积 47 平方米。无植被。

蛟爪岛 (Jiāozhǎo Dǎo)

北纬 19°38.2′、东经 111°01.4′。位于文昌市。第二次全国海域地名普查时命今名。基岩岛。岸线长 82 米，面积 413 平方米。无植被。

头槽石 (Tóucáo Shí)

北纬 19°38.2′、东经 111°01.3′。位于文昌市。该海域有两个岛在退潮时均呈现出一条水槽似的凹形水沟，此岛面积较大，当地俗称头槽石。基岩岛。岸线长 217 米，面积 2 049 平方米。岛上有一小段防浪墙。无植被。

头槽北岛 (Tóucáo Běidǎo)

北纬 19°38.2′、东经 111°01.3′。位于文昌市。因处头槽石北侧，第二次全国海域地名普查时命今名。基岩岛。岸线长 89 米，面积 434 平方米。岛上有一小段防浪墙。无植被。

头槽南岛 (Tóucáo Nándǎo)

北纬 19°38.1′、东经 111°01.3′。位于文昌市。因处头槽石南侧，第二次全国海域地名普查时命今名。基岩岛。岸线长 46 米，面积 140 平方米。无植被。

头槽东岛 (Tóucáo Dōngdǎo)

北纬 19°38.2′、东经 111°01.3′。位于文昌市。因处头槽石东侧，第二次全国海域地名普查时命今名。基岩岛。岸线长 38 米，面积 100 平方米。无植被。

二槽石 (Èrcáo Shí)

北纬 19°38.2′、东经 111°01.2′。位于文昌市。该海域有两个岛在退潮时均呈现出一条水槽似的凹形水沟，此岛面积较小，当地俗称二槽石。基岩岛。岸线长 227 米，面积 3 224 平方米。无植被。

二槽南岛 (Èrcáo Nándǎo)

北纬 19°37.8′、东经 111°01.2′。位于文昌市。因处二槽石南侧，第二次全国海域地名普查时命今名。基岩岛。岸线长 77 米，面积 427 平方米。无植被。

箭头岛 (Jiàntóu Dǎo)

北纬 19°38.3′、东经 111°01.3′。位于文昌市。因岛体形如箭头，第二次全国海域地名普查时命今名。基岩岛。岸线长 41 米，面积 118 平方米。无植被。

箭头北岛 (Jiàntóu Běidǎo)

北纬 19°38.3′、东经 111°01.2′。位于文昌市。因处箭头岛北侧，第二次全国海域地名普查时命今名。基岩岛。面积 30 平方米。无植被。

箭头南岛 (Jiàntóu Nándǎo)

北纬 19°38.3′、东经 111°01.3′。位于文昌市。因处箭头岛南侧，第二次全国海域地名普查时命今名。基岩岛。岸线长 59 米，面积 240 平方米。无植被。

鸟峙 (Niǎo Zhì)

北纬 19°38.3′、东经 111°01.2′。位于文昌市。因岛上素有海鸟筑巢产蛋而得名。基岩岛。岸线长 222 米，面积 3 163 平方米，最高点高程 4.5 米。植被有草丛。

鸟峙北岛 (Niǎozhì Běidǎo)

北纬 19°38.3′、东经 111°01.2′。位于文昌市。因处鸟峙北侧，第二次全国海域地名普查时命今名。基岩岛。岸线长 51 米，面积 156 平方米。无植被。

鸟峙东岛 (Niǎozhì Dōngdǎo)

北纬 19°38.3′、东经 111°01.2′。位于文昌市。因处鸟峙东侧，第二次全国海域地名普查时命今名。基岩岛。岸线长 27 米，面积 47 平方米。无植被。

断礁北岛 (Duànjiāo Běidǎo)

北纬 19°38.3′、东经 111°01.2′。位于文昌市。因炸岛使原岛断成两截，该岛为北侧一截，第二次全国海域地名普查时命今名。基岩岛。岸线长 23 米，面积 36 平方米。无植被。岛体因炸岛缘故断裂。

断礁南岛（Duànjiāo Nándǎo）

北纬 19°38.3′、东经 111°01.2′。位于文昌市。因炸岛使原岛断成两截，该岛为南侧一截，第二次全国海域地名普查时命今名。基岩岛。岸线长 7 米，面积 3 平方米。无植被。岛体因炸岛缘故断裂。

盔头岛（Kuītóu Dǎo）

北纬 19°38.3′、东经 111°01.2′。位于文昌市。岛体礁石顶上围有一圈形状怪异的小礁石，如同戴头盔一样，第二次全国海域地名普查时命今名。基岩岛。面积 30 平方米。无植被。

海龟石（Hǎiguī Shí）

北纬 19°38.3′、东经 111°01.1′。位于文昌市。退潮时岛东北方突出一块，形如海龟头，当地俗称海龟石。基岩岛。岸线长 226 米，面积 2 924 平方米，最高点高程 3.1 米。无植被。

海龟北岛（Hǎiguī Běidǎo）

北纬 19°38.4′、东经 111°01.1′。位于文昌市。因处海龟石北侧，第二次全国海域地名普查时命今名。基岩岛。岸线长 26 米，面积 48 平方米。无植被。

碎礁岛（Suìjiāo Dǎo）

北纬 19°38.5′、东经 111°00.9′。位于文昌市。因该岛被炸后碎裂出许多小礁石，第二次全国海域地名普查时命今名。基岩岛。岸线长 124 米，面积 975 平方米。无植被。

碎礁东岛（Suìjiāo Dōngdǎo）

北纬 19°38.5′、东经 111°00.9′。位于文昌市。因处碎礁岛东侧，第二次全国海域地名普查时命今名。基岩岛。岸线长 134 米，面积 1 200 平方米。无植被。

东槽（Dōngcáo）

北纬 19°38.4′、东经 111°00.8′。位于文昌市。当地群众惯称。基岩岛。岸线长 27 米，面积 50 平方米。无植被。

东槽南岛（Dōngcáo Nándǎo）

北纬 19°38.4′、东经 111°00.8′。位于文昌市。因处东槽南侧，第二次全国海域地名普查时命今名。基岩岛。岸线长 187 米，面积 2 239 平方米。无植被。

四爪岛 (Sìzhǎo Dǎo)

北纬 19°38.5′、东经 111°00.7′。位于文昌市。因岛体如同四根动物爪子，第二次全国海域地名普查时命今名。基岩岛。岸线长 87 米，面积 478 平方米。无植被。

西槽北岛 (Xīcáo Běidǎo)

北纬 19°38.4′、东经 111°00.6′。位于文昌市。第二次全国海域地名普查时命今名。基岩岛。岸线长 88 米，面积 472 平方米。无植被。

巨岩岛 (Jùyán Dǎo)

北纬 19°38.5′、东经 111°00.6′。位于文昌市。因岛体由数块巨大的礁石构成，第二次全国海域地名普查时命今名。基岩岛。岸线长 194 米，面积 2 573 平方米。无植被。

巨岩西岛 (Jùyán Xīdǎo)

北纬 19°38.5′、东经 111°00.6。位于文昌市。因处巨岩岛西侧，第二次全国海域地名普查时命今名。基岩岛。岸线长 138 米，面积 1 200 平方米。无植被。

棉石岛 (Miánshí Dǎo)

北纬 19°38.4′、东经 111°00.6′。位于文昌市。因处棉福村附近海域，且由多块礁石构成，第二次全国海域地名普查时命今名。基岩岛。岸线长 435 米，面积 4 834 平方米。岛体钉有铁钉，筑有石桩，用于系结渔船缆绳。无植被。

桐山岛 (Tóngshān Dǎo)

北纬 19°38.5′、东经 111°00.5′。位于文昌市。因处桐山村附近海域，第二次全国海域地名普查时命今名。基岩岛。岸线长 354 米，面积 6 991 平方米。无植被。

桐山北岛 (Tóngshān Běidǎo)

北纬 19°38.5′、东经 111°00.5′。位于文昌市。因处桐山岛北侧，第二次全国海域地名普查时命今名。基岩岛。岸线长 50 米，面积 166 平方米。无植被。

飞鱼排（Fēiyú Pái）

北纬 19°38.4′、东经 111°00.3′。位于文昌市。因每年飞鱼汛期，渔船并排轮流在此捕鱼而得名。2006 年海南省人民政府公布的第一批海岛名录、《全国海岛名称与代码》（2008）、《海南岛周边岛屿图册》（2009）均称为飞鱼排。基岩岛。岸线长 256 米，面积 4 364 平方米，最高点高程 2.8 米。有水泥房 1 处，养殖塘数口，水电从岛外引入。可停靠船舶。无植被。

飞鱼北岛（Fēiyú Běidǎo）

北纬 19°38.5′、东经 111°00.2′。位于文昌市。因位于飞鱼排北侧，第二次全国海域地名普查时命今名。基岩岛。岸线长 32 米，面积 72 平方米。无植被。

飞鱼西岛（Fēiyú Xīdǎo）

北纬 19°38.4′、东经 111°00.2′。位于文昌市。因处飞鱼排西侧，第二次全国海域地名普查时命今名。基岩岛。岸线长 129 米，面积 855 平方米。无植被。

飞鱼东岛（Fēiyú Dōngdǎo）

北纬 19°38.5′、东经 111°00.4′。位于文昌市。因处飞鱼排东侧，第二次全国海域地名普查时命今名。基岩岛。岸线长 175 米，面积 2 067 平方米。无植被。

小飞鱼岛（Xiǎofēiyú Dǎo）

北纬 19°38.5′、东经 111°00.2′。位于文昌市。因处飞鱼排附近且岛体较小，第二次全国海域地名普查时命今名。基岩岛。岸线长 45 米，面积 131 平方米。无植被。

双村仔岛（Shuāngcūnzǎi Dǎo）

北纬 19°38.5′、东经 111°00.2′。位于文昌市。因位于双村附近海域，且面积较小，第二次全国海域地名普查时命今名。基岩岛。岸线长 40 米，面积 100 平方米。无植被。

育仔岛（Yùzǎi Dǎo）

北纬 19°38.5′、东经 111°00.2′。位于文昌市。主体由大小两块礁石组成，小礁石靠在大礁石边上，因形如母鱼护育幼鱼，第二次全国海域地名普查时命今名。基岩岛。岸线长 34 米，面积 76 平方米。无植被。

界仔岛 (Jièzǎi Dǎo)

北纬 19°38.6′、东经 111°00.1′。位于文昌市。因处海边村和西边村交界处海域，岛体较小，第二次全国海域地名普查时命今名。基岩岛。岸线长 108 米，面积 570 平方米。无植被。

裂甲岛 (Lièjiǎ Dǎo)

北纬 19°38.6′、东经 111°00.0′。位于文昌市。因岛体形如有裂痕的龟甲，第二次全国海域地名普查时命今名。基岩岛。岸线长 20 米，面积 31 平方米。无植被。

烟堆岛 (Yānduī Dǎo)

北纬 19°38.5′、东经 110°59.9′。位于文昌市。因处烟堆村附近海域，第二次全国海域地名普查时命今名。基岩岛。岸线长 30 米，面积 53 平方米。无植被。

一线岛 (Yīxiàn Dǎo)

北纬 19°38.4′、东经 110°59.8′。位于文昌市。因岛体礁石中出现一条细裂缝，第二次全国海域地名普查时命今名。基岩岛。岸线长 38 米，面积 93 平方米。无植被。

双鳗石 (Shuāngmán Shí)

北纬 19°38.5′、东经 110°59.6′。位于文昌市。因附近产一种色彩斑斓的鱼，名为双鳗鱼（“鳗”由读音取字，原字有音而无字），故名。基岩岛。岸线长 140 米，面积 1 422 平方米。岛上有一段用水泥和砖筑成的构筑物。无植被。

双鳗仔岛 (Shuāngmánzǎi Dǎo)

北纬 19°38.6′、东经 110°59.6′。位于文昌市。因处双鳗石附近且岛体较小，第二次全国海域地名普查时命今名。基岩岛。岸线长 26 米，面积 44 平方米。无植被。

双鳗北岛 (Shuāngmán Běidǎo)

北纬 19°38.6′、东经 110°59.6′。位于文昌市。因处双鳗石北侧海域，第二次全国海域地名普查时命今名。基岩岛。岸线长 22 米，面积 37 平方米。无植被。

双鳗东岛（Shuāngmán Dōngdǎo）

北纬 19°38.5′、东经 110°59.6。位于文昌市。因处双鳗石东侧海域，第二次全国海域地名普查时命今名。基岩岛。岸线长 71 米，面积 328 平方米。无植被。

边棱岛（Biānléng Dǎo）

北纬 19°38.6′、东经 110°59.6′。位于文昌市。因岛体侧观似有边有棱的三角形，第二次全国海域地名普查时命今名。基岩岛。岸线长 36 米，面积 92 平方米。无植被。

石盾岛（Shídùn Dǎo）

北纬 19°38.5′、东经 110°59.5′。位于文昌市。因炸岛，使其部分与主体断开，断出部分形如盾牌，第二次全国海域地名普查时命今名。基岩岛。岸线长 33 米，面积 74 平方米。无植被。

龟甲岛（Guījiǎ Dǎo）

北纬 19°38.5′、东经 110°59.5。位于文昌市。因形如龟甲，第二次全国海域地名普查时命今名。基岩岛。岸线长 35 米，面积 84 平方米。无植被。

紫湾岛（Zǐwān Dǎo）

北纬 19°38.5′、东经 110°59.5。位于文昌市。因处紫薇村以南的海湾中，第二次全国海域地名普查时命今名。基岩岛。岸线长 33 米，面积 80 平方米。无植被。

小石岛（Xiǎoshí Dǎo）

北纬 19°38.6′、东经 110°59.5′。位于文昌市。因岛体为出露海面的小礁石，第二次全国海域地名普查时命今名。基岩岛。岸线长 35 米，面积 85 平方米。无植被。

石槽岛（Shícáo Dǎo）

北纬 19°38.5′、东经 110°59.4′。位于文昌市。岛体向海一侧光滑，向陆一侧有乱石分布，形如石槽，第二次全国海域地名普查时命今名。基岩岛。岸线长 61 米，面积 236 平方米。无植被。

石槽南岛 (Shícáo Nándǎo)

北纬 19°38.5′、东经 110°59.4′。位于文昌市。因处石槽岛南侧，第二次全国海域地名普查时命今名。基岩岛。岸线长 41 米，面积 109 平方米。无植被。

石槽西岛 (Shícáo Xīdǎo)

北纬 19°38.5′、东经 110°59.4′。位于文昌市。因处石槽岛西侧，第二次全国海域地名普查时命今名。基岩岛。岸线长 36 米，面积 97 平方米。无植被。

石槽东岛 (Shícáo Dōngdǎo)

北纬 19°38.5′、东经 110°59.4′。位于文昌市。因处石槽岛东侧，第二次全国海域地名普查时命今名。基岩岛。岸线长 214 米，面积 3 137 平方米。无植被。

斜峰岛 (Xiéfēng Dǎo)

北纬 19°38.5′、东经 110°59.4′。位于文昌市。因炸岛，致其一侧呈现出光滑的斜面，岛体形如山峰，第二次全国海域地名普查时命今名。基岩岛。岸线长 31 米，面积 68 平方米。无植被。

裂石岛 (Lièshí Dǎo)

北纬 19°38.5′、东经 110°59.3′。位于文昌市。因岛体中间开裂，第二次全国海域地名普查时命今名。基岩岛。岸线长 38 米，面积 94 平方米。无植被。

裂石北岛 (Lièshí Běidǎo)

北纬 19°38.5′、东经 110°59.3′。位于文昌市。因处裂石岛北侧，第二次全国海域地名普查时命今名。基岩岛。岸线长 33 米，面积 79 平方米。无植被。

裂石南岛 (Lièshí Nándǎo)

北纬 19°38.5′、东经 110°59.3′。位于文昌市。因处裂石岛南侧，第二次全国海域地名普查时命今名。基岩岛。岸线长 144 米，面积 1 302 平方米。无植被。

裂石西岛 (Lièshí Xīdǎo)

北纬 19°38.5′、东经 110°59.3′。位于文昌市。因处裂石岛西侧，第二次全国海域地名普查时命今名。基岩岛。岸线长 98 米，面积 514 平方米。无植被。

海豚岛 (Hǎitún Dǎo)

北纬 19°38.5′、东经 110°59.2′。位于文昌市。因形似海豚，第二次全国海域地名普查时命今名。基岩岛。岸线长 58 米，面积 243 平方米。无植被。

北盐石 (Běiyán Shí)

北纬 19°38.5′、东经 110°59.2′。位于文昌市。因岛体表面凹凸不平，退潮受阳光照射后留有盐渍而得名。基岩岛。岸线长 387 米，面积 7 173 平方米。无植被。

福湾岛 (Fúwān Dǎo)

北纬 19°38.5′、东经 110°58.9。位于文昌市。因处洪福村附近的海湾中，第二次全国海域地名普查时命今名。基岩岛。岸线长 80 米，面积 369 平方米。无植被。

福湾仔岛 (Fúwānzǎi Dǎo)

北纬 19°38.5′、东经 110°58.9′。位于文昌市。因靠近福湾岛且岛体较小，第二次全国海域地名普查时命今名。基岩岛。岸线长 29 米，面积 49 平方米。无植被。

福湾北岛 (Fúwān Běidǎo)

北纬 19°38.5′、东经 110°58.9′。位于文昌市。因处福湾岛北侧，第二次全国海域地名普查时命今名。基岩岛。岸线长 45 米，面积 130 平方米。无植被。

福湾西岛 (Fúwān Xīdǎo)

北纬 19°38.5′、东经 110°58.9′。位于文昌市。因处福湾岛西侧，第二次全国海域地名普查时命今名。基岩岛。岸线长 94 米，面积 569 平方米。无植被。

福湾东岛 (Fúwān Dōngdǎo)

北纬 19°38.5′、东经 110°59.0′。位于文昌市。因处福湾岛东侧，第二次全国海域地名普查时命今名。基岩岛。岸线长 36 米，面积 76 平方米。无植被。

鲸岛 (Jīng Dǎo)

北纬 19°38.5′、东经 110°58.9′。位于文昌市。因形似卧在海上的鲸鱼，第二次全国海域地名普查时命今名。基岩岛。岸线长 152 米，面积 1 113 平方米。无植被。

牛石岛 (Niúshí Dǎo)

北纬 19°38.1′、东经 110°58.6′。位于文昌市。当地群众惯称。基岩岛。岸线长 72 米，面积 353 平方米。无植被。

捧峙石 (Pěngzhì Shí)

北纬 19°38.1′、东经 110°58.7′。位于文昌市。曾名牵勾石、牵公石。2006 年海南省人民政府公布的第一批海岛名录、《全国海岛名称与代码》（2008）称为捧峙石。《海南岛周边岛屿图册》（2009）载：“曾用名为牵勾石、牵公石。据当地民俗，农闲时节周围的村民经常聚集此地近海牵勾（拉网）捕鱼，并分给在场的每位村民，故此地（石）称为‘牵勾石’、‘牵公石’。”基岩岛。岸线长 258 米，面积 3 437 平方米。无植被。

溪边岛 (Xībiān Dǎo)

北纬 19°38.9′、东经 110°54.0′。位于文昌市文教河入海口，距文教镇溪边村海岸 40 米。因处溪边村附近海域，第二次全国海域地名普查时命今名。沙泥岛。岸线长 720 米，面积 16 691 平方米。植被有灌木、草丛。种有椰子苗。

溪西岛 (Xīxī Dǎo)

北纬 19°38.8′、东经 110°53.4′。位于文昌市文教镇溪西村海岸外 80 米处。因处溪西村附近海域，第二次全国海域地名普查时命今名。沙泥岛。岸线长 261 米，面积 2 939 平方米。

水吼岛 (Shuǐhǒu Dǎo)

北纬 19°38.7′、东经 110°53.1′。位于文昌市文教镇水吼村海岸外 280 米处。因处水吼村附近海域，第二次全国海域地名普查时命今名。沙泥岛。岸线长 137 米，面积 890 平方米。

正灶岛 (Zhèngzào Dǎo)

北纬 19°38.6′、东经 110°53.1′。位于文昌市东阁镇咸正村海岸外 350 米处。因处文教河中央，河的两边分别为咸正村和盐灶村，第二次全国海域地名普查时命今名。沙泥岛。岸线长 294 米，面积 2 703 平方米。植被有草丛。

文溪岛（Wénxī Dǎo）

北纬 19°37.3′、东经 110°47.6′。位于文昌市文城镇头苑村海岸外 80 米处。因四面环文昌河（文昌溪）而得名。《全国海岛名称与代码》（2008）称为边溪山良。因“山良”为生僻字，第二次全国海域地名普查时更今名。沙泥岛。岸线长 4.65 千米，面积 1.34 平方千米。有数口养殖池塘，水电从岛外引入。属文昌清澜红树林保护区。

边溪小岛（Biānxī Xiǎodǎo）

北纬 19°37.3′、东经 110°47.7′。位于文昌市文城镇头苑村海岸外 120 米处。因靠近文溪岛且面积稍小，第二次全国海域地名普查时命今名。沙泥岛。岸线长 581 米，面积 14 302 平方米。

横山岛（Héngshān Dǎo）

北纬 19°37.5′、东经 110°45.9′。位于文昌市文城镇横山村海岸外 20 米处。因处横山村附近海域，第二次全国海域地名普查时命今名。沙泥岛。面积 1 239 平方米。植被有灌木、草丛。

镰钩线（Lián’gōuxiàn）

北纬 19°25.2′、东经 110°45.2′。位于文昌市会文镇边海村海岸外 110 米处。因岛形如弯钩形镰刀而得名。《中国海域地名志》（1989）称为镰钩线。沙泥岛。岸线长 2.99 千米，面积 0.176 8 平方千米。

三更峙（Sāngēng Zhì）

北纬 19°23.6′、东经 110°41.0′。位于文昌市会文镇三更村海岸外 10 米处。因处三更村附近海域，故名。曾名三更峙仔。2006 年海南省人民政府公布的第一批海岛名录、《全国海岛名称与代码》（2008）、《海南岛周边岛屿图册》（2009）均称为三更峙。基岩岛。岸线长 444 米，面积 10 975 平方米，最高点高程 5.9 米。植被有灌木、草丛。

后行岛（Hòuxíng Dǎo）

北纬 19°22.9′、东经 110°40.4′。位于琼海市长坡镇后行村海岸外 110 米处。因位于后行村海域，第二次全国海域地名普查时命今名。基岩岛。岸线长 35 米，面积 65 平方米。无植被。

线仔 (Xiànzǎi)

北纬 19°22.7′、东经 110°40.4′。位于琼海市长坡镇东部海岸外 200 米处。《中国海域地名图集》(1991)标注为线仔。基岩岛。岸线长 40 米，面积 100 平方米。无植被。

大线礁 (Dàxiàn Jiāo)

北纬 19°22.7′、东经 110°40.6′。位于琼海市长坡镇东部海岸外 360 米处。《中国海域地名志》(1989)载："因远眺此礁成一直线，且比邻近一礁大，故名。"基岩岛。岸线长 133 米，面积 903 平方米，最高点高程 1.6 米。岛上有废弃的养殖设施。无植被。

沙荖岛 (Shālǎo Dǎo)

北纬 19°21.5′、东经 110°40.1′。位于琼海市长坡镇沙荖河河口，距北岸 10 米。因处沙荖河入海口，第二次全国海域地名普查时命今名。沙泥岛。岸线长 296 米，面积 4 580 平方米。无植被。

石崮 (Shígù)

北纬 19°18.6′、东经 110°38.5′。位于琼海市长坡镇东部海岸外 200 米处。《中国海域地名图集》(1991)标注为石崮。基岩岛。岸线长 6 米，面积 3 平方米。无植被。

红石头岛 (Hóngshítóu Dǎo)

北纬 19°12.0′、东经 110°36.6′。位于琼海市长坡镇东部海岸外 150 米处。因岛体由通红的石头构成，当地俗称红石头岛。基岩岛。岸线长 387 米，面积 6 683 平方米。无植被。

博港岛 (Bógǎng Dǎo)

北纬 19°09.4′、东经 110°35.4′。位于琼海市博鳌港海岸外 250 米处。因处博鳌港口门附近，第二次全国海域地名普查时命今名。基岩岛。岸线长 140 米，面积 879 平方米。无植被。

西边岛 (Xībiān Dǎo)

北纬 19°09.4′、东经 110°34.8′。位于琼海市博鳌镇海岸外 87 米处，西南距东屿岛 390 米。曾名西边线、东边线、南边沙，当地俗称鸳鸯岛。《中国海域地名志》（1989）、2006 年海南省人民政府公布的第一批海岛名录、《全国海岛名称与代码》（2008）均称为西边岛。《海南岛周边岛屿图册》（2009）载："清康熙年间就因岛处博鳌港口之西而称西边线。另外附近村民也有以其村与岛的相对位置而称东边线或南边沙。"岸线长 1.57 千米，面积 0.092 平方千米，最高点高程 1.5 米。沙泥岛，地表为河海冲积潮土。长有灌木、草丛。有 2009 年海南省人民政府设立的名称标志。有灯塔。无水源。

西边小岛 (Xībiān Xiǎodǎo)

北纬 19°09.4′、东经 110°34.5′。位于琼海市博鳌镇海岸外 130 米处。因邻近西边岛，且面积较其小，第二次全国海域地名普查时命今名。沙泥岛。岸线长 197 米，面积 1 438 平方米。无植被。

千舟岛 (Qiānzhōu Dǎo)

北纬 19°09.2′、东经 110°34.0′。位于琼海市博鳌镇南强村海岸外 50 米处。因靠近博鳌千舟湾，第二次全国海域地名普查时命今名。沙泥岛。岸线长 754 米，面积 34 849 平方米。有人工建筑和农作物。

大乐岛 (Dàlè Dǎo)

北纬 19°09.2′、东经 110°33.2′。位于琼海市博鳌镇大乐村海岸外 10 米处。因处大乐村海域，第二次全国海域地名普查时命今名。沙泥岛。岸线长 522 米，面积 17 824 平方米。植被有灌木、草丛。

边溪岛 (Biānxī Dǎo)

北纬 19°09.1′、东经 110°33.6′。位于琼海市博鳌镇南强村海岸外 130 米处，南距东屿岛 90 米。又名边溪线、垃圾坡，别名南强沙。《中国海域地名志》（1989）、2006 年海南省人民政府公布的第一批海岛名录、《全国海岛名称与代码》（2008）均称为边溪岛。《海南岛周边岛屿图册》（2009）载："因北边邻近边溪村而得名，又因多垃圾堆积而称垃圾坡。"沙泥岛。形状近似一片树叶，东北—西南长

1.82 千米，宽 0.65 千米，面积 0.814 5 平方千米，岸线长 4.2 千米，最高点高程 3.8 米。植被有灌木、草丛。该岛整体开发为“博鳌乡村高尔夫俱乐部”。北侧有登岛桥 1 座。有淡水资源，水量较小，大部分用水为岛外引入。电力为岛外引入。

东屿岛 (Dōngyǔ Dǎo)

北纬 19°08.6′、东经 110°33.9′。位于琼海市博鳌镇龙潭村海岸外 150 米处，北距边溪岛 90 米。曾名东屿，以其与陆上村庄之相对位置定名。《中国海域地名志》（1989）、2006 年海南省人民政府公布的第一批海岛名录、《全国海岛名称与代码》（2008）、《海南岛周边岛屿图册》（2009）均称为东屿岛。岛略呈半圆形，长 1.86 千米，宽 1.15 千米，面积 1.797 7 平方千米，岸线长 6.33 千米，最高点高程 2.4 米。沙泥岛，由河流冲积物、滨海沙潮土堆积形成。近岸水深 1 ～3 米。该岛为“博鳌亚洲论坛”所在地，海南省著名旅游景区。西南侧有培兰大桥与陆相连，东侧有游艇码头一处。有淡水资源，水量较小，大部分用水为岛外引入。电力为岛外引入，岛上安装有电话等通信和网络设施。

沙美岛 (Shāměi Dǎo)

北纬 19°06.7′、东经 110°33.3′。位于琼海市博鳌镇沙美村海岸外 40 米处。因处沙美内海，第二次全国海域地名普查时命今名。沙泥岛。岸线长 623 米，面积 24 362 平方米。植被有灌木、草丛。有养殖池塘、水泥房，水电为岛外引入。

玉滩岛 (Yùtān Dǎo)

北纬 19°09.1′、东经 110°35.4′。位于琼海市博鳌港海岸外 660 米处。因处玉带滩附近，第二次全国海域地名普查时命今名。基岩岛。岸线长 55 米，面积 224 平方米。有水泥柱 1 座。无植被。

圣公石 (Shènggōng Shí)

北纬 19°08.9′、东经 110°35.1′。位于琼海市博鳌港海岸外 350 米处。曾名圣石峰。《中国海域地名志》（1989）、《海南岛周边岛屿图册》（2009）载：“据《乐会县志》记载：‘圣石峰在博鳌港，高十余丈，屹峙港门，状如累卵，诚中流柱，为县治之禽星也。时海涛汹涌，砂渍逼隘，或南或北，迄无定所、海舟未谙水道者，常有覆溺之患。宋天圣四年，其石突见而得名圣石’。”2006 年海南省人民政府公布的第一批海岛名录、《全国海岛名称与代码》（2008）称为圣公石。岸线长 229 米，面积 2 436 平方米，最高点高程 8 米。基岩岛，由斜长片麻岩构成。附近海域有众多礁体分布，产石斑鱼、鲈鱼和龙虾等。无植被。

小圣石岛 (Xiǎoshèngshí Dǎo)

北纬 19°08.9′、东经 110°35.1′。位于琼海市博鳌港海岸外 310 米处。因邻近圣公石且岛体稍小，第二次全国海域地名普查时命今名。基岩岛。岸线长 28 米，面积 58 平方米。无植被。

东海小岛 (Dōnghǎi Xiǎodǎo)

北纬 19°06.9′、东经 110°34.5′。位于琼海市博鳌镇东海村海岸外 5 米处。因处东海村且面积较小，第二次全国海域地名普查时命今名。基岩岛。岸线长 48 米，面积 169 平方米。无植被。

锅盖石 (Guōgài Shí)

北纬 19°06.8′、东经 110°34.6′。位于琼海市博鳌镇东海村海岸外 150 米处。因岛体形似锅盖，故名。基岩岛。岸线长 106 米，面积 542 平方米。无植被。

乌公石 (Wūgōng Shí)

北纬 19°06.8′、东经 110°35.0′。位于琼海市博鳌镇东海村海岸外 870 米处。当地群众惯称。基岩岛。岸线长 113 米，面积 675 平方米。无植被。

猪姆石 (Zhūmǔ Shí)

北纬 19°06.8′、东经 110°34.6′。位于位于琼海市博鳌镇东坡村海岸外 140 米处。因形似一只母猪带一群猪仔，故名。基岩岛。岸线长 208 米，面积 2 401 平方米。无植被。

东坡岛 (Dōngpō Dǎo)

北纬 19°06.7′、东经 110°34.7′。位于琼海市博鳌镇东坡村海岸外 430 米处。因处东坡村海域，第二次全国海域地名普查时命今名。基岩岛。岸线长 132 米，面积 1 187 平方米。无植被。

黑石一岛 (Hēishí Yīdǎo)

北纬 19°03.3′、东经 110°34.2′。位于万宁市龙滚镇排田村海岸外 50 米处。

该海域有三个南北依次排列的黑色基岩小岛，历史上统称为黑石。该岛居北，面积最大，当地方言音译为“狗京石”，“狗京”意为蟋蟀，第二次全国海域地名普查时命今名。基岩岛。岸线长 187 米，面积 1 331 平方米。无植被。

黑石二岛 (Hēishí Èrdǎo)

北纬 19°03.2′、东经 110°34.1′。位于万宁市龙滚镇内山园村海岸外 40 米处。该海域有三个南北依次排列的黑色基岩小岛，历史上统称为黑石，该岛居中，第二次全国海域地名普查时命今名。基岩岛。岸线长 160 米，面积 968 平方米。无植被。

黑石三岛 (Hēishí Sāndǎo)

北纬 19°03.1′、东经 110°34.1′。位于万宁市龙滚镇内山园村海岸外 50 米处。该海域有三个南北依次排列的黑色基岩小岛，历史上统称为黑石，此岛居南，第二次全国海域地名普查时命今名。基岩岛。岸线长 49 米，面积 117 平方米。无植被。

牛牯石 (Niúgǔ Shí)

北纬 19°01.6′、东经 110°32.1′。位于万宁市龙滚镇海量村海岸外 80 米处。据说该礁原来形如一头母牛，当地把母牛称为牛牯，故名。《中国海域地名图集》（1991）标注为牛牯石。基岩岛。岸线长 92 米，面积 467 平方米。无植被。

雷打石 (Léidǎ Shí)

北纬 19°01.2′、东经 110°32.0′。位于万宁市龙滚镇海量村海岸外 100 米处。据说该礁位于岸边，被雷打后部分散落海中，故名。《中国海域地名图集》（1991）标注为雷打石。基岩岛。岸线长 79 米，面积 363 平方米。无植被。

莺歌石一岛 (Yīnggēshí Yīdǎo)

北纬 19°00.3′、东经 110°31.6′。位于万宁市龙滚镇烟墩村海岸外 450 米处。第二次全国海域地名普查时命今名。岸线长 92 米，面积 288 平方米。基岩岛，由花岗岩构成。无植被。

莺歌石二岛 (Yīnggēshí Èrdǎo)

北纬 19°00.3′、东经 110°31.6′。位于万宁市龙滚镇烟墩村海岸外 440 米处。

第二次全国海域地名普查时命今名。岸线长 54 米，面积 185 平方米。基岩岛，由花岗岩构成。无植被。

外峙 (Wài Zhì)

北纬 18°53.0′、东经 110°31.3′。位于万宁市小海口门东侧 500 米处，西距内峙 200 米。曾名双乳石、双金鸡，又名港门石。港北港外有两岛相对而立，一内一外，此岛居外得名。《中国海域地名志》（1989）、2006 年海南省人民政府公布的第一批海岛名录、《海南省地图集》（2006）、《全国海岛名称与代码》（2008）、《海南岛周边岛屿图册》（2009）均称为外峙。岸线长 455 米，面积 13 594 平方米，海拔 18.6 米。基岩岛，岛体近椭圆形，四周岩岸陡峭，南、北两岸更险峻。顶部平坦，表层为黑沙土。长有灌木、草丛。与内峙之间水域多礁石，产竹景鱼、金枪鱼等。山顶有国家大地控制点。

外峙西岛 (Wàizhì Xīdǎo)

北纬 18°53.0′、东经 110°31.3′。位于万宁市小海口门东侧 450 米处，东距外峙 40 米。因位于外峙西侧，第二次全国海域地名普查时命今名。基岩岛。岸线长 76 米，面积 384 平方米。无植被。

外峙角岛 (Wàizhìjiǎo Dǎo)

北纬 18°53.0，东经 110°31.3′。位于万宁市小海口门东侧 460 米处，东距外峙 30 米。因岛体较小，如外峙突出的小角，第二次全国海域地名普查时命今名。基岩岛。岸线长 61 米，面积 251 平方米。无植被。

看鱼石 (Kànyú Shí)

北纬 18°53.1′、东经 110°31.1′。位于万宁市小海口门东北侧 150 米处，南距内峙 20 米。因渔民曾常在该礁石上寻看鱼群，故名。基岩岛。岸线长 61 米，面积 236 平方米。无植被。当地渔民在附近海域放养海胆苗。

内峙 (Nèi Zhì)

北纬 18°53.0′、东经 110°31.1′。位于万宁市小海口门东北侧 100 米处，东距外峙 200 米。曾名双乳石、双鸡石、双金鸡。港北港外有两岛相对而立，一内一外，此岛居内得名。《中国海域地名志》（1989）称为内峙。岸线长 536 米，面积 19 633 平方米，海拔 25.3 米。基岩岛。岛四周为青色岩石岸，南、北、东三面较陡，表层为黑沙土。植被有草丛。西北端筑一石堤与陆岸相连。有一石洞。半山腰有小庙及墓碑。岛上有灯塔，采用太阳能供电。西南侧设有水文观测点。近岸水深 1 ～6 米，产竹景鱼和金枪鱼等。

龙首岛 (Lóngshǒu Dǎo)

北纬 18°52.8′、东经 110°28.9′。位于万宁市小海北部龙首河河口北岸外 100 米处。因位于龙首河河口，第二次全国海域地名普查时命今名。沙泥岛，于 20 世纪 90 年代淤积形成。岸线长 880 米，面积 46 392 平方米。

笸箩礁 (Pǒluo Jiāo)

北纬 18°49.7′、东经 110°26.5′。位于万宁市小海西部上坡村海岸外 800 米处。因其形如笸箩（当地称笸箩），称为笸箩礁。《中国海域地名图集》（1991）标注为笸箩礁。岸线长 18 米，面积 24 平方米。基岩岛，岛体由花岗岩构成。无植被。

虎石排 (Hǔshí Pái)

北纬 18°49.5′、东经 110°26.6′。位于万宁市小海西部大路门村海岸外 760 米处。小海西部有两个紧邻的基岩小岛，历史上统称为虎石排，本岛远望形似虎，故名。《中国海域地名图集》（1991）标注为虎石排。基岩岛。岸线长 26 米，面积 34 平方米。

虎仔岛 (Hǔzǎi Dǎo)

北纬 18°49.5′、东经 110°26.6′。位于万宁市小海西部大路门村海岸外 750 米处。小海西部有两个紧邻的基岩小岛，历史上统称为虎石排，因本岛岛体相对较小，第二次全国海域地名普查时命今名。基岩岛。岸线长 15 米，面积 15 平方米。无植被。

大石排 (Dàshí Pái)

北纬 18°49.4′、东经 110°26.5′。位于万宁市小海西部大路门村海岸外 610 米处。小海西部海域基岩海岛众多，该岛面积最大，故名。基岩岛。岸线长 23 米，面积 68 平方米。无植被。

大石排西岛 (Dàshípái Xīdǎo)

北纬 18°49.4′、东经 110°26.5′。位于万宁市小海西部大路门村海岸外 580 米处。该岛位于大石排西面，第二次全国海域地名普查时命今名。基岩岛。岸线长 8 米，面积 4 平方米。无植被。

大石排北岛 (Dàshípái Běidǎo)

北纬 18°49.4′、东经 110°26.6′。位于万宁市小海西部大路门村海岸外 650 米处。该岛位于大石排北面，第二次全国海域地名普查时命今名。基岩岛。岸线长 35 米，面积 61 平方米。无植被。

雷击排 (Léijī Pái)

北纬 18°49.1′、东经 110°26.3′。位于万宁市小海西部白沙坡村海岸外 260 米处。曾名砍头石。该岛因曾被雷击断顶部而得名。《中国海域地名志》（1989）称为雷击排。基岩岛。岸线长 33 米，面积 63 平方米。无植被。

雷击仔岛 (Léijīzǎi Dǎo)

北纬 18°49.2′、东经 110°26.3′。位于万宁市小海西部白沙坡村海岸外 300 米处。历史上该岛与雷击排统称为雷击排，后界定为独立海岛，因岛体较小，第二次全国海域地名普查时命今名。基岩岛。岸线长 12 米，面积 10 平方米。无植被。

白尾石岛 (Báiwěishí Dǎo)

北纬 18°49.0′、东经 110°26.4′。位于万宁市小海西部白沙坡村海岸外 260 米处。该岛为基岩小岛，位于白沙坡村和上尾村之间海域，第二次全国海域地名普查时命今名。基岩岛。岸线长 27 米，面积 50 平方米。无植被。

白石排 (Báishí Pái)

北纬 18°48.9′、东经 110°26.4′。位于万宁市小海西部白沙坡村海岸外 90 米处。该岛由一群礁石组成，顶端稍有白色，故名。《中国海域地名图集》（1991）标注为白石排。岸线长 95 米，面积 239 平方米。无植被。

白石排中岛 (Báishípái Zhōngdǎo)

北纬 18°48.9′、东经 110°26.4′。位于万宁市小海西部白沙坡村海岸外

40 米处。该岛位于白石排和白石排南岛中间，第二次全国海域地名普查时命今名。基岩岛。岸线长 21 米，面积 27 平方米。无植被。

白石排南岛 (Báishípái Nándǎo)

北纬 18°48.9′、东经 110°26.4′。位于万宁市小海西部白沙坡村海岸外 30 米处。该岛位于白石排最南侧，第二次全国海域地名普查时命今名。基岩岛。岸线长 14 米，面积 14 平方米。无植被。

盘碟排 (Pándié Pái)

北纬 18°48.8′、东经 110°26.5′。位于万宁市小海西部群庄村海岸外 140 米处。当地把该群礁形容为酒桌上盛菜的盘和盛蘸料的碟子而得名。《中国海域地名图集》（1991）标注为盘碟排。基岩岛。岸线长 20 米，面积 25 平方米。无植被。

散石排 (Sànshí Pái)

北纬 18°48.9，东经 110°26.6′。位于万宁市小海西部港尾村海岸外 410 米处。小海西部近岸有四个礁石，分布较散，统称为散石排。《中国海域地名图集》（1991）标注为散石排。岸线长 73 米，面积 694 平方米。由一群礁石组成。无植被。

大洋石 (Dàyáng Shí)

北纬 18°49.3′、东经 110°29.7′。位于万宁市小海东南部英文村海岸外 310 米处。又名大石洋、印箱、洲仔。《中国海域地名志》（1989）、《海南省地图集》（2006）、《全国海岛名称与代码》（2008）均称为大洋石。因岛体全部由大石块堆积形成而得名。基岩岛。略呈三角形，岸线长 194 米，面积 1 856 平方米，最高点高程 12.1 米。植被有灌木、草丛。

小洋石岛 (Xiǎoyángshí Dǎo)

北纬 18°49.4′、东经 110°29.8′。位于万宁市小海东南部英文村海岸外 110 米处。该岛靠近大洋石，且岛体较小，第二次全国海域地名普查时命今名。基岩岛。岸线长 23 米，面积 27 平方米。无植被。

小洋仔岛 (Xiǎoyángzǎi Dǎo)

北纬 18°49.4′、东经 110°29.8′。位于万宁市小海东南部英文村海岸外

120 米处。该岛靠近小洋石岛，岛体比小洋石岛小，第二次全国海域地名普查时命今名。基岩岛。岸线长 7 米，面积 3 平方米。无植被。

北洲仔东岛 (Běizhōuzǎi Dōngdǎo)

北纬 18°49.5′、东经 110°33.8′。位于万宁市。第二次全国海域地名普查时命今名。岸线长 86 米，面积 357 平方米。基岩岛。无植被。

白鞍岛 (Bái'ān Dǎo)

北纬 18°48.7′、东经 110°34.0′。位于万宁市。又名棺材岭，曾名棺材岛。因南北各有两个高地，中间低凹似马鞍状得名。《中国海域地名志》（1989）、2006 年海南省人民政府公布的第一批海岛名录、《海南省地图集》（2006）、《海南岛周边岛屿图册》（2009）均称为白鞍岛。岸线长 2.45 千米，面积 0.267 5 平方千米，最高点高程 84.8 米。基岩岛。四周为陡峭岩石岸，西岸略缓。表层为黄沙黏土。植被有草丛，有特色植物滨玉蕊。近岸多暗礁，产龙虾、金枪鱼等。岛上有自动气象站、国家大地控制点及太阳能供电设施。西侧有灯塔。有靠泊码头，码头东侧有 2009 年海南省人民政府设立的地名标志。

白鞍仔岛 (Bái'ānzǎi Dǎo)

北纬 18°48.7′、东经 110°34.2′。位于万宁市，西距白鞍岛 10 米。因位于白鞍岛附近，岛体较小，第二次全国海域地名普查时命今名。基岩岛。岸线长 59 米，面积 150 平方米。无植被。

长岭角岛 (Chánglǐngjiǎo Dǎo)

北纬 18°46.4′、东经 110°30.8′。位于万宁市春园湾以东长岭岬角海岸外 20 米处。因岛形如长岭向海突出的一角，第二次全国海域地名普查时命今名。基岩岛。岸线长 94 米，面积 593 平方米。无植被。

担石 (Dàn Shí)

北纬 18°46.6′、东经 110°30.4′。位于万宁市春园湾东侧海岸外 270 米处。曾名北洲岛。当地习惯称较大的礁石为担，此岛由岩石构成，个体较大，故名。《中国海域地名志》（1989）、《海南省地图集》（2006）、2006 年海南省人民政府公布的第一批海岛名录、《全国海岛名称与代码》（2008）、《海南岛周边岛屿图册》（2009）均称为担石。基岩岛。岛体呈椭圆形，东北—西南走向，岸线长 165 米，面积 1 431 平方米，海拔 8.7 米。无植被。近岸海域产竹景鱼、金枪鱼等。

甘蔗岛 (Gānzhe Dǎo)

北纬 18°45.8′、东经 110°30.0′。位于万宁市春园湾西侧海岸外 1.07 千米处。曾名北边洲仔岛，又名北洲仔。因岛上生长一种茎秆似甘蔗的植物(当地称大芒)，其汁甘甜可饮食，故名。《中国海域地名志》（1989）、《海南省地图集》（2006）、2006 年海南省人民政府公布的第一批海岛名录、《全国海岛名称与代码》（2008）、《海南岛周边岛屿图册》（2009）均称为甘蔗岛。岛体略呈椭圆形，岸线长 1.05 千米，面积 0.078 平方千米，最高点高程 71.6 米。基岩岛。多块石出露，质地坚硬。东面坡度较大，西北有能供登岛的缓坡。表层为黄色黏土，有泉源。长有灌木、草丛。近岸多礁石，产鱿鱼、马鲛鱼等。周边海域常有渔民设置鱼排放养鱼苗。

大担石 (Dàdàn Shí)

北纬 18°46.0′、东经 110°28.9′。位于万宁市乌场港南防波堤外 600 米处。当地习惯把较大礁体称担，此岛个体（连同礁盘）较大，故名。《中国海域地名志》（1989）、《海南省地图集》（2006）、2006 年海南省人民政府公布的第一批海岛名录、《全国海岛名称与代码》（2008）、《海南岛周边岛屿图册》（2009）均称为大担石。基岩岛。岛体呈椭圆形，西北—东南向，岸线长 60 米，面积 562 平方米，海拔 5.9 米。无植被。近岸水深 6.2 ～16 米。因近乌场港，对过往船只有一定威胁。

双担石岛 (Shuāngdànshí Dǎo)

北纬 18°43.8′、东经 110°26.6′。位于万宁市东澳镇新群岭海岸外 20 米处。因该岛体顶部裂开成两块，形如双岛，当地人用“担”称岛，第二次全国海域地名普查时命今名。基岩岛。岸线长 51 米，面积 134 平方米。无植被。

大洲岛 (Dàzhōu Dǎo)

北纬 18°40.4′、东经 110°28.8′。位于万宁市东澳镇乐南村海岸外 5.1 千米处。

曾名独洲岭、独猪岭、大周山、大洲头、大岭，俗称南岛。因在海南岛沿海无居民岛屿中最大，当地习惯称洲即岛，故名大洲。《中国海域地名志》（1989）、《海南省地图集》（2006）、2006 年海南省人民政府公布的第一批海岛名录、《全国海岛名称与代码》（2008）和《海南岛周边岛屿图册》（2009）均称为大洲岛。该岛包括大岭和小岭，后分别界定为独立海岛，此岛保留大洲岛名称。岸线长 7.4 千米，面积 2.801 2 平方千米，最高点高程 290 米。基岩岛，主要物质组成为花岗岩 — 黄色砖红壤。四周绝大部分为陡峭基岩海岸。与北大洲岛间有水上沙带相连，涨潮时沙滩被海水淹没，两岛对峙，退潮时沙滩显露，两岛连为一体。海南省海岛原始生态环境保持最完好的岛屿之一，岛上金丝燕是我国唯一能营造可食燕窝的鸟类。1990 年国务院正式批准建立大洲岛海洋生态国家级自然保护区，主要保护对象是金丝燕及其生态环境。岛北侧有大洲岛保护区管理处设置的保护标志。南部建有灯塔。东西两侧有港口各 1 个，西为前港，东为后港。周边海域水产资源丰富，有著名大洲渔场，盛产马鲛、鲳、鱿鱼、梭子蟹、蓝圆鲹、带鱼、龙虾、斑节对虾、石斑鱼、鲍等海珍品。它是国家公布的领海基点海岛。

北大洲岛（Běidàzhōu Dǎo）

北纬 18°40.6′、东经 110°28.7′。位于万宁市东澳镇乐南村海岸外 4.3 千米处。历史上该岛与大洲岛统称为大洲岛，后界定为独立海岛，因位于大洲岛北侧，第二次全国海域地名普查时命今名。岸线长 5.42 千米，面积 1.23 平方千米，最高点高程 156 米。基岩岛。表层为红色黏土。植被有灌木、草丛。与大洲岛间有水上沙带相连，涨潮时沙滩被海水淹没，两岛对峙，退潮时沙滩显露，两岛连为一体。渔汛期间，当地渔民上岛搭建棚屋，2011 年有常住人口 60 人。养有禽畜。有两个祠堂。有水井 3 眼，利用柴油机发电。1990 年国务院正式批准建立大洲岛海洋生态国家级自然保护区，主要保护对象是金丝燕及其生态环境，北侧有联通和保护区联立的警示碑。

后港排（Hòugǎng Pái）

北纬 18°40.7′、东经 110°29.0′。位于万宁市东澳镇乐南村海岸外 5.8 千米处，北距北大洲岛 70 米。因位于大洲岛后港内而得名。《中国海域地名图集》（1991）

标注为后港排。基岩岛。岸线长 159 米，面积 1 519 平方米。无植被。

后港排一岛 (Hòugǎngpái Yīdǎo)

北纬 18°40.7′、东经 110°29.0′。位于万宁市东澳镇乐南村海岸外 5.7 千米处，北距北大洲岛 40 米。历史上该岛与后港排、后港排二岛统称为后港排，后界定为独立海岛，因该岛离后港排较近，第二次全国海域地名普查时命今名。基岩岛。岸线长 123 米，面积 945 平方米。无植被。

后港排二岛 (Hòugǎngpái Èrdǎo)

北纬 18°40.6′、东经 110°29.0′。位于万宁市东澳镇乐南村海岸外 5.7 千米处，北距北大洲岛 40 米。历史上该岛与后港排、后港排一岛统称为后港排，后界定为独立海岛，因该岛离后港排较远，第二次全国海域地名普查时命今名。基岩岛。岸线长 92 米，面积 582 平方米。无植被。

燕仔岛 (Yànzǎi Dǎo)

北纬 18°40.5′、东经 110°28.9′。位于万宁市东澳镇乐南村海岸外 5.6 千米处，南距大洲岛 13 米。大洲岛因金丝燕闻名，该岛位于大洲岛北侧，岛体较小，第二次全国海域地名普查时命今名。基岩岛。岸线长 74 米，面积 308 平方米。无植被。

舐嘴排内岛 (Shìzuǐpái Nèidǎo)

北纬 18°40.2′、东经 110°22.8′。位于万宁市。第二次全国海域地名普查时命今名。基岩岛。岸线长 125 米，面积 807 平方米。无植被。

舐嘴排外岛 (Shìzuǐpái Wàidǎo)

北纬 18°40.1′、东经 110°22.9′。位于万宁市。第二次全国海域地名普查时命今名。基岩岛。岸线长 80 米，面积 428 平方米。无植被。

洲仔岛 (Zhōuzǎi Dǎo)

北纬 18°38.6′、东经 110°21.6′。位于万宁市。曾名南建岛，又名南洲仔、南洲仔岛。因其面积与大洲岛相比较小得名。《海南省地图集》（2006）、2006 年海南省人民政府公布的第一批海岛名录、《全国海岛名称与代码》（2008）、《海南岛周边岛屿图册》（2009）称为南洲仔；《中国海域地名志》（1989）、

2011 年国家海洋局公布的第一批可开发利用无居民海岛名录称为洲仔岛。岸线长 2.97 千米，面积 0.43 平方千米，海拔 153 米。基岩岛。分东西两峰，东峰海拔 106.3 米，西峰海拔 153 米。四周山坡较陡。表层为黄沙质土。北侧建有小段防波堤，旁有小路直通两峰鞍部最高处。山顶有自动气象站，采用太阳能供电。半山腰有国家大地控制点。山坡种植菠萝。近岸海域产鲍鱼、鱿鱼、马鲛鱼等。

荣上角岛 (Róngshàngjiǎo Dǎo)

北纬 18°39.7′、东经 110°21.6′。位于万宁市东澳镇南荣岭海岸外 10 米处。南荣岭向海突出的两个岬角处各有一个小岛，以北为上，以南为下，此岛居上岬角，第二次全国海域地名普查时命今名。基岩岛。岸线长 71 米，面积 358 平方米。无植被。

荣下角岛 (Róngxiàjiǎo Dǎo)

北纬 18°39.7′、东经 110°21.4′。位于万宁市东澳镇南荣岭海岸外 20 米处。南荣岭向海突出的两个岬角处各有一个小岛，以北为上，以南为下，此岛居下岬角，第二次全国海域地名普查时命今名。基岩岛。岸线长 60 米，面积 169 平方米。无植被。

加井岛 (Jiājǐng Dǎo)

北纬 18°39.1′、东经 110°17.1′。位于万宁市石梅湾东部海岸外 1.64 千米处。《中国海域地名志》（1989）记载“因该岛中部凹陷似井，其间多长加丁刺，故名加井岛”。《海南省地图集》（2006）、2006 年海南省人民政府公布的第一批海岛名录、《全国海岛名称与代码》（2008）、《海南岛周边岛屿图册》（2009）、2011 年国家海洋局公布的第一批可开发利用无居民海岛名录均称为加井岛。岸线长 1.87 千米，面积 0.164 4 平方千米，最高点高程 62.8 米。基岩岛。有两个小高地，南高地海拔 62.8 米，北高地海拔 45.4 米。南部坡度稍大，西和西北较缓。岛上燥红土发育，上覆薄层腐殖质。北部有泉眼 1 处。西侧分布一片沙滩。近岸海域产鲍鱼、石斑鱼和龙虾等。西至北部近岸海域有珊瑚分布。岛上及周边海域有旅游活动设施。西南侧有 2009 年海南省人民政府设置的海岛名称标志碑，岩石上有两个地磁测量方位点。

艾美石岛 (Àiměishí Dǎo)

北纬 18°40.1′、东经 110°17.1′。位于万宁市石梅湾东部海岸外 80 米处。因系南燕湾艾美酒店附近海域的基岩小岛，第二次全国海域地名普查时命今名。基岩岛。岸线长 56 米，面积 224 平方米。无植被。

椅石岛 (Yǐshí Dǎo)

北纬 18°37.7′、东经 110°12.9′。位于万宁市礼纪镇田头河河口海岸外 100 米处。因该岛为基岩小岛，形如椅子，第二次全国海域地名普查时命今名。基岩岛。岸线长 44 米，面积 127 平方米。无植被。

山石岛 (Shānshí Dǎo)

北纬 18°37.7′、东经 110°12.9′。位于万宁市礼纪镇田头河河口海岸外 100 米处。因该岛为基岩小岛，整体看形如一“山”字，第二次全国海域地名普查时命今名。基岩岛。岸线长 43 米，面积 42 平方米。无植被。

玉坠岛 (Yùzhuì Dǎo)

北纬 18°35.5′、东经 110°10.6′。位于万宁市礼纪镇风台枝河入海河口内，距西北海岸 40 米。该岛形如水滴，犹如嵌在海上的一颗玉坠，第二次全国海域地名普查时命今名。沙泥岛。岸线长 248 米，面积 4 446 平方米。四周修有岸堤。

分界洲 (Fēnjiè Zhōu)

北纬 18°34.9′、东经 110°11.7′。位于陵水黎族自治县牛岭海岸外 2.15 千米处。曾名加摄屿，又名分界岭、马鞍岭、分界洲岛、睡美人岛、观音岛。因该岛位于陵水县与万宁市海域分界处，又与牛岭为海南岛南北分界线，故称分界洲。清乾隆五十七年（1792 年）瞿云编纂《陵水县志》记为加摄屿；《中国海域地名志》（1989）记“旧称加摄屿。因位处陵水县与万宁县海域分界处得名分界洲”；《陵水县志》（2007）记“原叫分界岭、马鞍岭。由于地处陵水县与万宁市交界处，故称分界洲”；2006 年海南省人民政府公布的第一批海岛名录、《海南省地图集》（2006）、《全国海岛名称与代码》（2008）、《海南岛周边岛屿图册》（2009）均称为分界洲。分界洲岛上“分界洲名字的由来”石碑上记载“因分界洲与牛岭为海南岛南北分界线，从人文、地理、气候上体现，因此称为分界洲。又因形如仰卧在海上的美女，从远处望去，分界洲岛犹如仰卧在海上的美女，又称睡美人岛或观音岛”。

岛体呈椭圆形，东北—西南走向，岸线长 2.43 千米，面积 0.302 9 平方千米，最高点高程 99.5 米。基岩岛，由花岗岩构成。表层为黄沙土质。有两峰，北峰土壤少，以草丛、灌木为主；南峰稍高，长有乔木，植被相对茂盛。东侧为两山内凹处，西侧有沙滩。该岛是以旅游观光为主兼度假功能的国家 5A 级旅游景区。景区配套设施较齐全，已开发十几个景点，建有度假木屋。西北部海域建有三条防波堤，西侧避风条件和旅游条件较好，建有旅游交通码头。岛上水电通过海底管道从陆地输送。

椰子岛 (Yēzi Dǎo)

北纬 18°29.7′、东经 110°04.9′。位于陵水黎族自治县陵水河入海河口内，距北岸 50 米。曾名老琴园。因岛上遍种椰子树而得名。《中国海域地名志》（1989）、《海南省地图集》（2006）、《陵水县志》（2007）、《全国海岛名称与代码》（2008）、《海南岛周边岛屿图册》（2009）均称为椰子岛。呈椭圆形，东北—西南走向，岸线长 1.56 千米，面积 0.088 7 平方千米。泥沙岛。西南侧建有防潮堤。种有椰子树和木麻黄，附近村民在岛上养鸡、鸭、牛。

下线园 (Xiàxiànyuán)

北纬 18°29.5′、东经 110°05.0′。位于陵水黎族自治县陵水河入海河口内，距南岸 110 米。又名仙人岛。因地处椰子岛南侧，地势低平，可供耕作，当地称低平沙洲为“沙”，因“沙”与“线”同音记作“线”，“园”为生产园地，故名。《中国海域地名志》（1989）称为下线园。沙泥岛。岛呈椭圆形，东西走向，岸线长 456 米，面积 7 475 平方米。种有槟榔，建有简易小木板房。

双帆石 (Shuāngfān Shí)

北纬 18°26.2′、东经 110°08.4′。位于陵水黎族自治县黎安港海岸外 7.05 千米处。曾名双女屿，又名双女石、双本石、双蓬石、双莲石。因远望此岛形似两张船帆而得名。《中国海域地名志》（1989）、《海南省地图集》（2006）、2006 年海南省人民政府公布的第一批海岛名录、《全国海岛名称与代码》（2008）、

《海南岛周边岛屿图册》（2009）称为双帆石；《陵水县志》（2007）称为双女石。岸线长 407 米，面积 6 906 平方米，最高点高程 44.3 米。基岩岛，岛体由花岗岩构成，岩石裸露。无植被。有渔民修建的神龛。该岛是海燕、海鸥觅食和栖息之地。近岸海域盛产龙虾，为深海捕捞渔场。它是国家公布的领海基点海岛。

双帆石一岛 (Shuāngfānshí Yīdǎo)

北纬 18°26.2′、东经 110°08.5′。位于陵水黎族自治县黎安港海岸外 7.1 千米处。历史上该岛与双帆石、双帆石二岛、双帆石三岛统称为双帆石，后界定为独立海岛，除双帆石外，以面积大小排序，第二次全国海域地名普查时命今名。岸线长 213 米，面积 2 190 平方米。基岩岛，岛体由花岗岩构成，岩石裸露。无植被。设有领海基点方位碑。

双帆石二岛 (Shuāngfānshí Èrdǎo)

北纬 18°26.2′、东经 110°08.5′。位于陵水黎族自治县黎安港海岸外 7.2 千米处。历史上该岛与双帆石、双帆石一岛、双帆石三岛统称为双帆石，后界定为独立海岛，除双帆石外，以面积大小排序，第二次全国海域地名普查时命今名。岸线长 249 米，面积 1 868 平方米。基岩岛，岛体由花岗岩构成，岩石裸露。无植被。

双帆石三岛 (Shuāngfānshí Sāndǎo)

北纬 18°26.2′、东经 110°08.4′。位于陵水黎族自治县黎安港海岸外 7 千米处。历史上该岛与双帆石、双帆石一岛、双帆石二岛统称为双帆石，后界定为独立海岛，除双帆石外，以面积大小排序，第二次全国海域地名普查时命今名。岸线长 91 米，面积 359 平方米。基岩岛，由花岗岩构成，岩石裸露。无植被。有国家大地控制点标志。

金砖沙岛 (Jīnzhuānshā Dǎo)

北纬 18°24.7′、东经 110°03.4′。位于陵水黎族自治县黎安港内，距北岸 120 米。历史上该岛与金元沙岛、金元仔岛、黎情岛、金沙滩岛、荔枝岛、丝竹岛、龙眼岛统称为葫芦头，后界定为独立海岛，因其岛形似砖，呈金色，第二次全国海域地名普查时命今名。沙泥岛。岸线长 292 米，面积 2 301 平方米。

植被有乔木、草丛。

丝竹岛 (Sīzhú Dǎo)

北纬 18°24.6′、东经 110°03.5′。位于陵水黎族自治县黎安港内，距北岸 120 米。历史上该岛与金元沙岛、金砖沙岛、金元仔岛、黎情岛、金沙滩岛、荔枝岛、龙眼岛统称为葫芦头，后界定为独立海岛，因据传有位叫丝竹的黎族姑娘常在岛上缓歌曼舞，第二次全国海域地名普查时命今名。沙泥岛。岸线长 220 米，面积 1 720 平方米。长有乔木、草丛。

荔枝岛 (Lìzhī Dǎo)

北纬 18°24.6′、东经 110°03.5′。位于陵水黎族自治县黎安港内，距北岸 130 米。历史上该岛与金元沙岛、金砖沙岛、金元仔岛、黎情岛、金沙滩岛、丝竹岛、龙眼岛统称为葫芦头，后界定为独立海岛，因形如荔枝，第二次全国海域地名普查时命今名。沙泥岛。岸线长 162 米，面积 1 447 平方米。长有乔木、草丛。

龙眼岛 (Lóngyǎn Dǎo)

北纬 18°24.6′、东经 110°03.4′。位于陵水黎族自治县黎安港内，距北岸 140 米。历史上该岛与金元沙岛、金砖沙岛、金元仔岛、黎情岛、金沙滩岛、荔枝岛、丝竹岛统称为葫芦头，后界定为独立海岛，因形如龙眼，第二次全国海域地名普查时命今名。沙泥岛。岸线长 125 米，面积 1 177 平方米。植被有乔木、草丛。

金元沙岛 (Jīnyuánshā Dǎo)

北纬 18°24.6′、东经 110°03.4′。位于陵水黎族自治县黎安港内，距北岸 250 米。历史上该岛与金砖沙岛、金元仔岛、黎情岛、金沙滩岛、荔枝岛、丝竹岛、龙眼岛统称为葫芦头，后界定为独立海岛，因阳光下岛上沙子呈金色，岛体形似金元宝，第二次全国海域地名普查时命今名。沙泥岛。岸线长 523 米，面积 6 515 平方米。植被有乔木、草丛。

金元仔岛 (Jīnyuánzǎi Dǎo)

北纬 18°24.6′、东经 110°03.4′。位于陵水黎族自治县黎安港内，距北岸

240 米。历史上该岛与金元沙岛、金砖沙岛、黎情岛、金沙滩岛、荔枝岛、丝竹岛、龙眼岛统称为葫芦头，后界定为独立海岛，因其邻近金元沙岛，且面积较小，第二次全国海域地名普查时命今名。沙泥岛。岸线长 159 米，面积 1 247 平方米。植被有乔木、草丛。

金沙滩岛 (Jīnshātān Dǎo)

北纬 18°24.6′、东经 110°03.3′。位于陵水黎族自治县黎安港内，距南岸 250 米。历史上该岛与金元沙岛、金砖沙岛、金元仔岛、黎情岛、荔枝岛、丝竹岛、龙眼岛统称为葫芦头，后界定为独立海岛，因其沙滩呈金色，第二次全国海域地名普查时命今名。沙泥岛。岸线长 218 米，面积 1 589 平方米。植被有草丛。

黎情岛 (Líqíng Dǎo)

北纬 18°24.6′、东经 110°03.2′。位于陵水黎族自治县黎安港内，距南岸 240 米。历史上该岛与金元沙岛、金砖沙岛、金元仔岛、金沙滩岛、荔枝岛、丝竹岛、龙眼岛统称为葫芦头，后界定为独立海岛，因据传有黎族少男少女在该沙岛上拾贝玩耍，第二次全国海域地名普查时命今名。沙泥岛。岸线长 153 米，面积 1 410 平方米。植被有乔木、草丛。

中间岛 (Zhōngjiān Dǎo)

北纬 18°23.2′、东经 109°58.1′。位于陵水黎族自治县新村镇南湾岭海岸外 170 米处。又名中间排，因处连岭岛与白排岛之间得名。《中国海域地名志》（1989）、《中国海域地名图集》（1991）均称为中间岛。岛体呈椭圆形，岸线长 135 米，面积 1 236 平方米，海拔 3 米。基岩岛，由花岗岩构成，岩石裸露。无植被。

连岭岛 (Liánlǐng Dǎo)

北纬 18°23.3′、东经 109°58.1′。位于陵水黎族自治县新村镇南湾岭海岸外 40 米处。又名连岭排。因其礁盘与南湾岭相连得名。《中国海域地名志》（1989）称为连岭排；《中国海域地名图集》（1991）标注为连岭岛。岛体呈椭圆形，岸线长约 133 米，面积 1 206 平方米，海拔 3 米。基岩岛，由花岗岩构成，无植被。

白排岛 (Báipái Dǎo)

北纬 18°23.2′、东经 109°57.9′。位于陵水黎族自治县新村镇南湾岭海岸外 360 米处。曾名石篇，又名白排。因岛体在阳光照射下呈白色而得名。《中国海域地名志》（1989）、《海南省地图集》（2006）、2006 年海南省人民政府公布的第一批海岛名录、《全国海岛名称与代码》（2008）、《海南岛周边岛屿图册》（2009）均称为白排岛。岛形呈曲尺，岸线长 381 米，面积 4 758 平方米，海拔 3 米。基岩岛，由花岗岩构成。岛上长有草丛、灌木。四周礁石散布，尤以南侧为多。北侧海域有活珊瑚分布。筑有简易石堤围堵水道。西北侧有废弃的鲍鱼养殖设施。岛上有一高约 1 米的神龛。设有国家大地控制点。

白排仔岛 (Báipáizǎi Dǎo)

北纬 18°23.2′、东经 109°57.9′。位于陵水黎族自治县新村镇南湾岭海岸外 340 米处。曾名白排仔。因西与白排岛毗邻，面积比白排岛小得名。《中国海域地名志》（1989），《海南省地图集》（2006）、2006 年海南省人民政府公布的第一批海岛名录、《全国海岛名称与代码》（2008）、《海南岛周边岛屿图册》（2009）均称为白排仔岛。岛体呈椭圆形，岸线长 116 米，面积 699 平方米，海拔 2.6 米。基岩岛，由花岗岩构成。无植被。

白排小角 (Báipái Xiǎojiǎo)

北纬 18°23.2′、东经 109°58.0′。位于陵水黎族自治县新村镇南湾岭海岸外 350 米处。因在白排岛旁，外形似一尖角，故名。岸线长 51 米，面积 161 平方米。基岩岛，岛体由花岗岩构成。无植被。

白排西岛 (Báipái Xīdǎo)

北纬 18°23.2′、东经 109°57.8′。位于陵水黎族自治县新村镇南湾岭海岸外 450 米处。历史上该岛与白排岛统称为白排岛，后界定为独立海岛，因位于白排岛西侧，第二次全国海域地名普查时命今名。岸线长 156 米，面积 596 平方米。基岩岛，岛体由花岗岩构成。植被有草丛。

珊礁岛 (Shānjiāo Dǎo)

北纬 18°25.4′、东经 109°58.9′。位于陵水黎族自治县新村港内，距北岸

500 米。因由珊瑚礁组成，第二次全国海域地名普查时命今名。珊瑚岛。岸线长 8 米，面积 4 平方米。无植被。

墩仔高排 (Dūnzǎigāo Pái)

北纬 18°23.2′、东经 109°49.0′。位于陵水黎族自治县英州镇土福湾东部岬角赤岭海岸外 250 米处。曾名赤岭峙岛、赤岭峙仔。因岛形似山包，高出水面得名。《中国海域地名志》（1989）、《海南省地图集》（2006）、2006 年海南省人民政府公布的第一批海岛名录、《全国海岛名称与代码》（2008）、《海南岛周边岛屿图册》（2009）均称为墩仔高排。岸线长 187 米，面积 2 164 平方米，最高点高程 2.2 米。基岩岛，岛体由花岗岩构成。表层沙土覆盖。长有灌木、草丛。东北有沙带与陆地相连，落潮时干出。有一海控点标志。

墩仔岛 (Dūnzǎi Dǎo)

北纬 18°23.0′、东经 109°48.9′。位于陵水黎族自治县英州镇土福湾东部岬角赤岭海岸外 300 米处。因常有鸟在礁上拉屎，故当地人称拉屎排。因该名不雅，且位于墩仔高排附近，第二次全国海域地名普查时更今名。基岩岛。岸线长 18 米，面积 17 平方米。无植被。

墩边石 (Dūnbiān Shí)

北纬 18°23.2′、东经 109°48.9′。位于陵水黎族自治县英州镇土福湾东部岬角赤岭海岸外 270 米处。《中国海域地名图集》（1991）标注为墩边石。基岩岛。岸线长 68 米，面积 296 平方米。无植被。

三牙门 (Sānyámén)

北纬 18°23.6′、东经 109°45.8′。位于三亚市藤桥河入海口，距北岸 100 米。《海南省地图集》（2006）、《全国海岛名称与代码》（2008）称为三牙门。沙泥岛。岸线长 1.47 千米，面积 0.068 1 平方千米。植被有灌木、草丛。2011 年常住人口 20 人。种植椰树，有池塘。无水电。

单寮 (Dānliáo)

北纬 18°23.5′、东经 109°45.6′。位于三亚市藤桥河入海口，距北岸 110 米。当地称草屋为“寮”，因岛上有一个小草屋，故名。沙泥岛。岸线长 381 米，面积 8 520 平方米。有简陋小木屋。

石头公岛 (Shítóugōng Dǎo)

北纬 18°23.7′、东经 109°45.4′。位于三亚市藤桥河入海口，距西岸 40 米。据说岛东部临入海口处有两个大石头，在藤桥河口的岛屿中该岛面积最大，当地叫石头公—下朗、石头公—下朗岛。因岛上种植成片的椰子树，当地也称为椰子岛。《海南省地图集》（2006）称为石头公—下朗，《全国海岛名称与代码》（2008）称为石头公—下朗岛。第二次全国海域地名普查时更今名。沙泥岛。岸线长 3.6 千米，面积 0.413 4 平方千米。2011 年岛上常住人口 7 人。

藤沙岛 (Téngshā Dǎo)

北纬 18°23.6′、东经 109°45.3′。位于三亚市藤桥河内，距西岸 10 米。该岛为藤桥河内的沙洲岛，第二次全国海域地名普查时命今名。沙泥岛。岸线长 196 米，面积 1 463 平方米。种有椰子树。

高岛 (Gāo Dǎo)

北纬 18°23.3′、东经 109°45.4′。位于三亚市藤桥河入海口，距西岸 10 米。因岛上原有一个高高的土堆，故名。《海南省地图集》（2006）、《全国海岛名称与代码》（2008）称为高岛。沙泥岛。岸线长 557 米，面积 17 148 平方米。种有椰子树。有池塘。搭有小木棚。

姊妹石 (Zǐmèi Shí)

北纬 18°19.0′、东经 109°46.1′。位于三亚市。历史上与姊妹石北岛统称为姊妹石。当地百姓也称情人石。《中国海域地名志》（1989）载“由 2 岩石组成，一大一小，一高一低，形似姊妹，故名姊妹石”。《海南省地图集》（2006）、2006 年海南省人民政府公布的第一批海岛名录、《全国海岛名称与代码》（2008）、《海南岛周边岛屿图册》（2009）均将该处两个海岛统称为姊妹石。后界定为独立海岛，此岛面积较大，沿用原名。基岩岛。岸线长 298 米，面积 2 302 平方米，海拔 15.4 米。岛上长有零星灌木。

姊妹石北岛 (Zǐmèishí Běidǎo)

北纬 18°19.0′、东经 109°46.1′。位于三亚市。历史上该岛与姊妹石统称为姊妹石，后界定为独立海岛，因位于姊妹石北侧，第二次全国海域地名普查时命今名。基岩岛。岸线长 206 米，面积 1 130 平方米。无植被。

仙女岛 (Xiānnǚ Dǎo)

北纬 18°19.0′、东经 109°46.2′。位于三亚市。因岛体形如一仙女仰望天空，第二次全国海域地名普查时命今名。基岩岛。岸线长 133 米，面积 962 平方米。无植被。

仙石岛 (Xiānshí Dǎo)

北纬 18°19.0′、东经 109°46.2′。位于三亚市。该岛为仙女岛旁的基岩小岛，第二次全国海域地名普查时命今名。基岩岛。岸线长 122 米，面积 982 平方米。无植被。

情人岛 (Qíngrén Dǎo)

北纬 18°18.9′、东经 109°45.5′。位于三亚市。第二次全国海域地名普查时命今名。基岩岛。岸线长 68 米，面积 232 平方米。无植被。建有凉亭。

后海仔岛 (Hòuhǎizǎi Dǎo)

北纬 18°16.6′、东经 109°43.9′。位于三亚市。第二次全国海域地名普查时命今名。基岩岛。岸线长 111 米，面积 448 平方米。无植被。

后海龟岛 (Hòuhǎiguī Dǎo)

北纬 18°16.6′、东经 109°43.9′。位于三亚市。第二次全国海域地名普查时命今名。基岩岛。岸线长 143 米，面积 642 平方米。无植被。

真帆石 (Zhēnfān Shí)

北纬 18°16.2′、东经 109°43.6′。位于三亚市后海山海岸外 110 米处。该岛由一大一小两块石头组成，形似船帆，故名。当地百姓也称双帆石。《中国海域地名图集》（1991）、《海南省地图集》（2006）、2006 年海南省人民政府公布的第一批海岛名录、《全国海岛名称与代码》（2008）、《海南岛周边岛屿图册》（2009）均称为真帆石。基岩岛。岸线长 94 米，面积 652 平方米。无植被。

牛车仔岛 (Niúchēzǎi Dǎo)

北纬 18°15.3′、东经 109°44.6′。位于三亚市港口岭东侧海岸外 40 米处。第二次全国海域地名普查时命今名。基岩岛。岸线长 27 米，面积 49 平方米。无植被。

沙湾岛 (Shāwān Dǎo)

北纬 18°14.9′、东经 109°44.7′。位于三亚市。第二次全国海域地名普查时命今名。基岩岛。岸线长 274 米，面积 2 933 平方米。无植被。

东洲 (Dōng Zhōu)

北纬 18°11.2′、东经 109°41.7′。位于三亚市，又称东洲岛。《中国海域地名志》（1989）、2006 年海南省人民政府公布的第一批海岛名录、《海南省地图集》（2006）、《全国海岛名称与代码》（2008）、《海南岛周边岛屿图册》（2009）称为东洲。《三亚市志》（2001）称东洲岛。基岩岛。岸线长 2.86 千米，面积 0.4 平方千米，最高点高程 113.2 米。建有灯塔。西侧建有防波堤。该岛为国家公布的领海基点岛。

东洲头 (Dōngzhōutóu)

北纬 18°11.1′、东经 109°42.0′。位于三亚市，西距东洲 60 米。又称东洲头岛。因位于东洲东端而得名。《中国海域地名志》（1989）、2006 年海南省人民政府公布的第一批 108 个海岛名录、《全国海岛名称与代码》（2008）、《海南岛周边岛屿图册》（2009）称为东洲头。《海南省地图集》（2006）称东洲头岛。基岩岛。岸线长 382 米，面积 10 799 平方米，海拔 19.8 米。

东洲鼻岛 (Dōngzhōubí Dǎo)

北纬 18°11.1′、东经 109°42.1′。位于三亚市，西北距东洲头 20 米。因紧靠东洲头，又较东洲头靠外海，第二次全国海域地名普查时命今名。基岩岛。岸线长 161 米，面积 1 514 平方米。该岛为国家公布的领海基点岛。

西洲 (Xī Zhōu)

北纬 18°11.1′、东经 109°40.5′。位于三亚市，东距东洲 1.31 千米，北距野薯岛 3.11 千米。《中国海域地名志》（1989）、《海南省地图集》（2006）、

2006年海南省人民政府公布的第一批海岛名录、《全国海岛名称与代码》（2008）、《海南岛周边岛屿图册》（2009）均称为西洲。岸线长1.87千米，面积0.2平方千米，最高点高程103.5米。基岩岛。岛体由花岗岩构成。西北部有沙滩，其余为基岩海岸，表层为泥沙黄土。植被以草丛为主，间有乔木和灌木。东西两侧有防波堤。岛上无水电。

西洲头 (Xīzhōutóu)

北纬18°10.9′、东经109°40.6′。位于三亚市，西距西洲30米，又名西洲头岛。因处西洲东侧得名。《中国海域地名志》（1989）、2006年海南省人民政府公布的第一批海岛名录、《全国海岛名称与代码》（2008）、《海南岛周边岛屿图册》（2009）称为西洲头；《海南省地图集》（2006）称西洲头岛。基岩岛。岸线长119米，面积571平方米，海拔2.4米。无植被。

龙珠岛 (Lóngzhū Dǎo)

北纬18°12.8′、东经109°41.2′。位于三亚市。因岛体较小，似一颗龙珠，第二次全国海域地名普查时命今名。基岩岛。岸线长26米，面积39平方米。无植被。

野薯岛 (Yěshǔ Dǎo)

北纬18°13.1′、东经109°39.7′。位于三亚市，又称野猪岛。因岛上长有野生刺薯而得名。《中国海域地名志》(1989)、《海南省地图集》（2006）、2006年海南省人民政府公布的第一批海岛名录、《全国海岛名称与代码》（2008）、《海南岛周边岛屿图册》（2009）称为野薯岛。《三亚市志》（2001）称野猪岛。岸线长3.36千米，面积0.581 7平方千米，最高点高程93.6米。基岩岛，岛体由花岗岩构成。地势南高北低，表层为黑沙土质。周边海域珊瑚资源丰富。南侧建有防波堤。该岛属三亚珊瑚礁国家级自然保护区亚龙湾片区。

野薯芽岛 (Yěshǔyá Dǎo)

北纬18°13.1′、东经109°40.0′。位于三亚市，第二次全国海域地名普查时命今名。基岩岛。岸线长52米，面积73平方米。无植被。

西排仔岛 (Xīpáizǎi Dǎo)

北纬 18°12.7′、东经 109°37.9′。位于三亚市。第二次全国海域地名普查时命今名。基岩岛。岸线长 179 米，面积 711 平方米。无植被。

锦母石 (Jǐnmǔ Shí)

北纬 18°10.5′、东经 109°36.1′。位于三亚市坎秧湾东部白石岭海岸外 30 米处，东南距白虎角 1.85 千米，西距锦母角 3.28 千米。因在锦母角附近而得名。《中国海域地名志》(1989)、《海南省地图集》(2006)、2006 年海南省人民政府公布的第一批海岛名录、《全国海岛名称与代码》(2008)、《海南岛周边岛屿图册》(2009)均称为锦母石。基岩岛。岛体呈椭圆形，长 60 米，宽 55 米，面积 316 平方米，岸线长 82 米，海拔 7.2 米。无植被。

神岛 (Shén Dǎo)

北纬 18°11.4′、东经 109°33.7′。位于三亚市。岛北峰顶端耸立的两巨石形似神牌，故名。《中国海域地名志》(1989)、《海南省地图集》(2006)、2006 年海南省人民政府公布的第一批海岛名录、《全国海岛名称与代码》(2008)、《海南岛周边岛屿图册》(2009)均称为神岛。岸线长 853 米，面积 27 436 平方米，最高点高程 28.3 米。基岩岛，岛体由花岗岩构成。地势西南高，东北低，表层为燥红土。南侧有一小山洞。东侧海域水深较浅，有活珊瑚和海草分布。岛上种有果树，建有小屋。北侧有废弃的抽水池。

小青洲 (Xiǎoqīng Zhōu)

北纬 18°13.7′、东经 109°29.1′。位于三亚市南边岭海岸外 260 米处。原名大洲、西洲、小洲。因远望岛上植被青翠茂盛而得名。《中国海域地名志》(1989)载："三亚港东部，原名西洲，别称小洲，为避免重名，定名小洲。"《海南省地图集》(2006)、2006 年海南省人民政府公布的第一批海岛名录、《全国海岛名称与代码》(2008)、《海南岛周边岛屿图册》(2009)、2011 年国家海洋局公布的第一批可开发利用无居民海岛名录均称为小青洲。岸线长 642 米，面积 22 351 平方米，最高点高程 24 米。基岩岛，岛体由花岗岩构成。地势南高北低，岛上燥红土发育，上覆灰棕色腐殖质层。南侧海域有活珊瑚分布。西南侧基岩上设有小神龛，北侧有旅游基础设施。水电由岛外引入。该岛属三亚珊瑚礁国家级自然保护区的鹿回头片区。

白排 (Bái Pái)

北纬 18°14.3′、东经 109°28.9′。位于三亚市南边岭海岸外 900 米处。因风浪拍击礁体，溅起排排白色浪花，故名。《中国海域地名志》（1989）、《海南省地图集》（2006）、2006 年海南省人民政府公布的第一批海岛名录、《全国海岛名称与代码》（2008）、《海南岛周边岛屿图册》（2009）均称为白排。基岩岛。岸线长 464 米，面积 2 086 平方米，最高点高程 4.2 米。无水源和植被。建有灯塔，利用太阳能供电。有简易靠泊点，与灯塔间修筑水泥石阶。常有游客上岛参观。

东瑁洲 (Dōngmào Zhōu)

北纬 18°13.1′、东经 109°24.9′。位于三亚市，西距西瑁洲 3.8 千米。又叫东岛、东洲、东瑁洲岛。因盛产玳瑁且岛形似玳瑁，又在西瑁洲之东，故名。《中国海域地名志》（1989）、《海南省地图集》（2006）、2006 年海南省人民政府公布的第一批海岛名录、《全国海岛名称与代码》（2008）、《海南岛周边岛屿图册》（2009）称为东瑁洲；《三亚市志》（2001）称为东瑁洲岛。当地传说观世音菩萨抛下两个石头，形如玳瑁，称作“波浮双玳”，此岛处东，故名东瑁洲岛。岸线长 2.96 千米，面积 0.453 3 平方千米，最高点高程 61.2 米。基岩岛，岛体由花岗岩构成。地势东南高，西北低。植被有灌木、草丛。北侧建有码头。周边海域珊瑚资源丰富，生态环境良好。该岛属三亚珊瑚礁国家级自然保护区东西瑁洲片区。

双扉石 (Shuāngfēi Shí)

北纬 18°12.6′、东经 109°23.5′。位于三亚市，西北距西瑁洲 2.84 千米，西南距双扉西 230 米，东北距东瑁洲 2.14 千米。曾名双帆石。远望两岛形似两张船帆而得名双帆石，因与陵水黎族自治县的双帆石重名，改为双扉石。《中国海域地名志》（1989）将该岛和双扉西统称为双扉石；《海南省地图集》（2006）、2006 年海南省人民政府公布的第一批海岛名录、《全国海岛名称与代码》（2008）、

《海南岛周边岛屿图册》（2009）均将此处两岛分别命名，称该岛为双扉石。基岩岛。岸线长 103 米，面积 375 平方米。岛上岩石刻有“钓鱼台”三字。无水电。无植被。

双扉西 (Shuāngfēixī)

北纬 18°12.5′、东经 109°23.4′。位于三亚市，西北距西瑁洲 2.7 千米，东北距东瑁洲 2.35 千米。又称双扉西石。该岛于双扉石之西南方向，故名双扉西。《海南省地图集》（2006）、《全国海岛名称与代码》（2008）称为双扉西石；2006 年海南省人民政府公布的第一批海岛名录、《海南岛周边岛屿图册》（2009）称为双扉西。基岩岛。岸线长 186 米，面积 2 051 平方米。无植被。

西瑁洲 (Xīmào Zhōu)

北纬 18°14.6′、东经 109°22.0′。位于三亚市，东距东瑁洲 3.8 千米。又叫西岛、西洲、西瑁洲岛。《中国海域地名志》（1989）、《海南省地图集》（2006）、2006 年海南省人民政府公布的第一批海岛名录、《全国海岛名称与代码》（2008）、《海南岛周边岛屿图册》（2009）称为西瑁洲。《三亚市志》（2001）称为西瑁洲岛。当地传说观世音菩萨抛下两个石头，形如玳瑁，称作“波浮双玳”，此岛处西，故名西瑁洲岛。岸线长 5.86 千米，面积 1.92 平方千米，最高点高程 122.3 米。基岩岛，岛体由花岗岩构成。地势南高北低，表层为黄沙土。周边海域珊瑚资源丰富，生态环境良好。该岛属三亚珊瑚礁国家级自然保护区东西瑁洲片区。

该岛为有居民海岛。岛上分东、西、中、新四个小渔村，2011 年户籍人口 4 537 人，常住人口 4 512 人，设有村委会和边防派出所。居民以营渔和旅游业为生。水电通过海底管道和海底电缆输送上岛。南部山顶建有灯塔，灯塔旁边为军委测绘点。设有国家水准点。西瑁洲景区为国家 4A 级景区，建有旅游活动设施。有旅游交通码头。岛西南侧的牛鼻仔岭为该景区景点之一，两岛之间有堤坝相连。

蟹石岛 (Xièshí Dǎo)

北纬 18°17.4′、东经 109°21.3′。位于三亚市。岛体较小，形如螃蟹，第二次全国海域地名普查时命今名。基岩岛。岸线长152米，面积662平方米。无植被。

蟹钳石岛 (Xièqiánshí Dǎo)

北纬18°17.4′、东经109°21.2′。位于三亚市，东距蟹石岛260米。岛体形如蟹钳，第二次全国海域地名普查时命今名。基岩岛。岸线长110米，面积529平方米。无植被。

蟹钳仔岛 (Xièqiánzǎi Dǎo)

北纬18°17.4′、东经109°21.2′。位于三亚市，北侧紧邻蟹钳石岛。位于蟹钳石岛旁边，岛体较小，第二次全国海域地名普查时命今名。基岩岛。岸线长44米，面积61平方米。无植被。

兔石岛 (Tùshí Dǎo)

北纬18°17.4′、东经109°21.1′。位于三亚市。因岛体形如兔子，第二次全国海域地名普查时命今名。基岩岛。岸线长27米，面积45平方米。无植被。

猴石岛 (Hóushí Dǎo)

北纬18°17.4′、东经109°21.1′。位于三亚市。因岛体形如猴头，第二次全国海域地名普查时命今名。基岩岛。岸线长53米，面积180平方米。无植被。

贝壳石 (Bèiké Shí)

北纬18°17.5′、东经109°20.6′。位于三亚市天涯海角景区海岸外160米处。因岛体形如贝壳，故名。基岩岛。岸线长94米，面积260平方米。无植被。

叠石 (Dié Shí)

北纬18°17.3′、东经109°20.5′。位于三亚市天涯海角景区海岸外490米处。又称塔石、绿色石。由数块岩石叠成，故名。《中国海域地名志》（1989）称为塔石。《海南省地图集》（2006）、2006年海南省人民政府公布的第一批海岛名录、《全国海岛名称与代码》（2008）、《海南岛周边岛屿图册》（2009）称为叠石。岸线长189米，面积1 840平方米，最高点高程7米。该岛是天涯海角景区景点之一，称“爱情石”，岛体上刻有“日”“月”两字。无植被。

小叠石岛 (Xiǎodiéshí Dǎo)

北纬18°17.3′、东经109°20.4′。位于三亚市天涯海角景区海岸外550米处，东距叠石 70 米。因由四块礁石相叠而成，面积较叠石小，第二次全国海域地名普查时命今名。基岩岛。岸线长 101 米，面积 652 平方米。无植被。

鸡母石 (Jīmǔ Shí)

北纬 18°17.0′、东经 109°19.7′。位于三亚市天涯海角景区海岸外 1.8 千米处。因形如母鸡，当地俗称鸡母石。基岩岛。岸线长 92 米，面积 309 平方米。无植被。

大公石 (Dàgōng Shí)

北纬 18°17.8′、东经 109°14.6′。位于三亚市。此岛在附近海域中最高大，远视像个老公公，故名大公石。《中国海域地名志》（1989）、《海南省地图集》（2006）、2006 年海南省人民政府公布的第一批海岛名录、《全国海岛名称与代码》（2008）、《海南岛周边岛屿图册》（2009）均称为大公石。基岩岛。岸线长 99 米，面积 500 平方米，海拔 7.8 米。无植被。

大公石一岛 (Dàgōngshí Yīdǎo)

北纬 18°17.8′、东经 109°14.6′。位于三亚市，北侧紧邻大公石。大公石南侧有两个小岛，此岛离大公石较近，第二次全国海域地名普查时命今名。基岩岛。岸线长 66 米，面积 157 平方米。无植被。

大公石二岛 (Dàgōngshí Èrdǎo)

北纬 18°17.8′、东经 109°14.6′。位于三亚市，北距大公石 10 米。大公石南侧有两个小岛，此岛离大公石较远，第二次全国海域地名普查时命今名。基岩岛。岸线长 38 米，面积 87 平方米。无植被。

船帆石 (Chuánfān Shí)

北纬 18°17.3′、东经 109°10.4′。位于三亚市南山岭海岸外 20 米处。因岛形似船帆得名。《中国海域地名志》（1989）、《海南省地图集》（2006）、2006 年海南省人民政府公布的第一批海岛名录、《全国海岛名称与代码》（2008）、《海南岛周边岛屿图册》（2009）均称为船帆石。基岩岛。岸线长 162 米，面积 1 105 平方米，最高点高程 9.3 米。无植被。

船帆石南岛 (Chuánfānshí Nándǎo)

北纬 18°17.3′、东经 109°10.4′。位于三亚市南山岭海岸外 60 米处。因位于船帆石南侧，第二次全国海域地名普查时命今名。基岩岛。岸线长 176 米，面积 1 677 平方米。有零星草丛。建有凉亭，修有栈桥与陆相连。

鼻子石 (Bízi Shí)

北纬 18°17.7′、东经 109°09.2′。位于三亚市大小洞天景区鼻子岭海岸外 60 米处。位于鼻子岭南麓沿海的岩石滩上，因岭得名。《中国海域地名志》（1989）、《海南省地图集》（2006）、2006 年海南省人民政府公布的第一批海岛名录、《全国海岛名称与代码》（2008）、《海南岛周边岛屿图册》（2009）均称为鼻子石。基岩岛。岸线长 147 米，面积 691 平方米，海拔 1.4 米。无植被。

瓜天石 (Guātiān Shí)

北纬 18°18.1′、东经 109°08.8′。位于三亚市大小洞天景区海岸外 230 米处。因状似大冬瓜而得名。《中国海域地名志》（1989）、《海南省地图集》（2006）、2006 年海南省人民政府公布的第一批海岛名录、《全国海岛名称与代码》（2008）、《海南岛周边岛屿图册》（2009）均称为瓜天石。基岩岛。岸线长 119 米，面积 924 平方米，海拔 2.2 米。无植被。该岛是国家公布的深石礁领海基点标志所在海岛。建有灯塔，灯塔外壁有深石礁方位点的文字说明。

鼠标石岛 (Shǔbiāoshí Dǎo)

北纬 18°18.6′、东经 109°08.6′。位于三亚市大小洞天景区北侧海岸外 100 米处。因岛体小，形如鼠标，第二次全国海域地名普查时命今名。基岩岛。岸线长 85 米，面积 410 平方米。无植被。

章鱼石岛 (Zhāngyúshí Dǎo)

北纬 18°18.6′、东经 109°08.6′。位于三亚市大小洞天景区北侧海岸外 80 米处。因岛体小，形如章鱼，第二次全国海域地名普查时命今名。基岩岛。岸线长 110 米，面积 483 平方米。无植被。

棒槌岛 (Bàngchui Dǎo)

北纬 18°18.7′、东经 109°08.6′。位于三亚市大小洞天景区北侧海岸外 70 米处。因形似棒槌，第二次全国海域地名普查时命今名。基岩岛。岸线长 169 米，面积 789 平方米。

麒麟坡（Qílínpō）

北纬 18°21.0′、东经 109°08.1′。位于三亚市宁远河东支流东岸外 30 米处。因在麒麟村对面，当地俗称麒麟坡（坡在当地为沙洲的意思）。沙泥岛。岸线长 1.64 千米，面积 0.126 3 平方千米。有养殖池塘，电源从岛外引入。

麒麟坡仔岛（Qílínpōzǎi Dǎo）

北纬 18°21.1′、东经 109°8.2′。位于三亚市宁远河东支流东岸外 40 米处，西距麒麟坡 20 米。因在麒麟坡东侧，岛体较小，第二次全国海域地名普查时命今名。沙泥岛。岸线长 122 米，面积 643 平方米。植被有草丛。

养生园（Yǎngshēngyuán）

北纬 18°20.9′、东经 109°07.9′。位于三亚市宁远河东支流西岸外 70 米处。当地传说最早是一个叫养生的人到岛上开荒种地，因此称为养生园。《海南省地图集》（2006）、《全国海岛名称与代码》（2008）均称为养生园。沙泥岛。岸线长 2.63 千米，面积 0.296 6 平方千米。有池塘，建有简易小房，池塘周边种植木麻黄和槟榔树。电源从岛外引入。

八菱坡（Bālíngpō）

北纬 18°20.9′、东经 109°07.5′。位于三亚市宁远河东支流东岸外 120 米处。当地传说渔民曾常在此沙洲上宰杀八菱鱼，故称八菱坡。《海南省地图集》（2006）、《全国海岛名称与代码》（2008）称为八菱坡。沙泥岛。岸线长 2.2 千米，面积 0.18 平方千米。有养殖池塘，电源从岛外引入。

公庙坡（Gōngmiàopō）

北纬 18°21.2′、东经 109°07.4′。位于三亚市宁远河西支流西岸外 40 米处。因附近有个龙王庙，当地人称“公庙”，坡在当地为“沙洲”的意思，此沙洲在公庙前，故名。当地也称中央坡。《海南省地图集》（2006）、《全国海岛名称与代码》（2008）称为公庙坡。基岩岛。岸线长 1.08 千米，面积 0.068 6 平方千米。植被有灌木、草丛。有养殖池塘，电源从岛外引入。

东锣岛（Dōngluó Dǎo）

北纬 18°19.7′、东经 108°59.4′。位于三亚市崖城镇鼻头角海岸外 3.17 千米处，西距西鼓岛 3.68 千米。又名东洲、东岛。远望岛的主峰似铜锣，且在西鼓岛之东，故名。《中国海域地名志》（1989）、《海南省地图集》（2006）、2006 年海南省人民政府公布的第一批海岛名录、《全国海岛名称与代码》（2008）、《海南岛周边岛屿图册》（2009）、2011 年国家海洋局公布的第一批可开发利用无居民海岛名录均称为东锣岛。岛体呈南北走向，长 520 米，宽 300 米，面积 0.11 平方千米，岸线长 1.38 千米，最高点高程 69 米。基岩岛，由花岗岩构成。表层为沙、黄黏土。地势中部高四周低，植被覆盖率在 90% 以上。北侧 5 米等深线以浅海域有活珊瑚分布。东北侧建有游艇港池。建有农居和度假别墅，别墅之间铺设石阶或架空式栈道。配备海水淡化设备。电源和通信由海底电缆和光缆从岛外引入，备有柴油发电机 1 台。岛山顶北侧设有国家大地控制点，其东南侧有测控点。

飞鱼岛 (Fēiyú Dǎo)

北纬 18°19.5′、东经 108°59.3′。位于三亚市崖城镇鼻头角海岸外 3.57 千米处，东距东锣岛 30 米。因岛形似飞鱼出水，第二次全国海域地名普查时命今名。基岩岛。岸线长 18 米，面积 22 平方米。无植被。

西鼓岛 (Xīgǔ Dǎo)

北纬 18°19.5′、东经 108°57.1′。位于三亚市崖城镇鼻头角海岸外 5.2 千米处，东距东锣岛 3.68 千米。又名西洲、西岛。因顶部稍平，呈鼓状，又在东锣岛之西，故名。《中国海域地名志》（1989）、《海南省地图集》（2006）、2006 年海南省人民政府公布的第一批海岛名录、《全国海岛名称与代码》（2008）、《海南岛周边岛屿图册》（2009）、2011 年国家海洋局公布的第一批可开发利用无居民海岛名录均称为西鼓岛。岛体东西宽 220 米，南北长 370 米，岸线长 907 米，面积 58 238 平方米，最高点高程 79 米。基岩岛，由花岗岩构成。表层为燥红土。地势南高北低。岛上有国家大地控制点和国家水准点及自动气象站，采用太阳能供电。岛北部有靠泊码头及 1977 年设立的灯塔，有一条长 250 米石阶道路通向南部山顶。该岛为国家公布的中国领海基点岛，1996 年设立中华人民共和国领海基点方位碑。

长堤礁（Chángdī Jiāo）

北纬 18°19.5′、东经 108°57.3′。位于三亚市崖城镇鼻头角海岸外 4.93 千米处，西南距西鼓岛 280 米。《中国海域地名图集》（1991）标注为长堤礁，当地俗称出水石。基岩岛。岸线长 51 米，面积 186 平方米。无植被。

平石（Píng Shí）

北纬 18°21.4′、东经 108°59.3′。位于三亚市崖城镇鼻头角海岸外 20 米处。《中国海域地名图集》（1991）标注为平石。基岩岛。岸线长 65 米，面积 231 平方米。无植被。

埝子墩（Niànzǐ Dūn）

北纬 18°26.1′、东经 108°51.6′。位于乐东黎族自治县望楼河东岸外 110 米处。此处原有一个很大的沙洲，称为埝子墩，后因挖沙形成多个小岛，此岛为其中之一。沙泥岛。岸线长 756 米，面积 9 611 平方米。植被有草丛。

望楼岛（Wànglóu Dǎo）

北纬 18°26.1′、东经 108°51.6′。位于乐东黎族自治县望楼河东岸外 50 米处。因位于望楼河，是望楼河内面积最大的海岛，第二次全国海域地名普查时命今名。沙泥岛。岸线长 0.12 千米，面积 0.033 2 平方千米。植被有灌木、草丛。

望楼邻岛（Wànglóulín Dǎo）

北纬 18°26.3′、东经 108°51.9′。位于乐东黎族自治县望楼河西岸外 40 米处。因岛东侧紧邻望楼岛，第二次全国海域地名普查时命今名。沙泥岛。岸线长 911 米，面积 30 895 平方米。植被有灌木、草丛。

望楼仔岛（Wànglóuzǎi Dǎo）

北纬 18°26.3′、东经 108°51.9′。位于乐东黎族自治县望楼河西岸外 30 米处。因岛南侧紧邻望楼岛，岛体相对较小，第二次全国海域地名普查时命今名。沙泥岛。岸线长 211 米，面积 2 001 平方米。植被有灌木、草丛。

丫洲岛（Yāzhōu Dǎo）

北纬 18°26.5′、东经 108°51.1′。位于乐东黎族自治县望楼港以西海岸外 50 米处。因形如丫字的小沙洲，第二次全国海域地名普查时命今名。沙泥岛。

岸线长 477 米，面积 4 011 平方米。植被有草丛。

公下石 (Gōngxià Shí)

北纬 18°31.0′、东经 108°40.7′。位于乐东黎族自治县莺歌海湾南部海岸外 540 米处。因位于莺歌海镇三座公庙下方，故名。《中国海域地名志》（1989）、《海南省地图集》（2006）、2006 年海南省人民政府公布的第一批海岛名录、《全国海岛名称与代码》（2008）、《海南岛周边岛屿图册》（2009）均称为公下石。基岩岛。岸线长 703 米，面积 11 892 平方米，高约 2.4 米。有灯塔，利用太阳能发电。该岛为国家公布的中国领海基点岛。

双洲 (Shuāng Zhōu)

北纬 19°01.8′、东经 108°37.2′。位于东方市八所港以南海岸外 1.35 千米处。又名海洋石。《海南省地图集》（2006）、2006 年海南省人民政府公布的第一批海岛名录、《全国海岛名称与代码》（2008）、《海南岛周边岛屿图册》（2009）均称为双洲。基岩岛。岸线长 96 米，面积 594 平方米，最高点高程 5.4 米。

旦园沙岛 (Dànyuánshā Dǎo)

北纬 19°16.4′、东经 108°38.1′。位于东方市昌化江河口以南旦园村海岸外 90 米处。因系旦园村附近海域的沙洲，第二次全国海域地名普查时命今名。沙泥岛。岸线长 1.7 千米，面积 0.059 3 平方千米。植被有草丛。

旦场沙岛 (Dànchǎngshā Dǎo)

北纬 19°16.8′、东经 108°40.1′。位于东方市昌化江河口，西距旦场园村海岸 20 米。因系旦场园和旦场附近的沙洲，第二次全国海域地名普查时命今名。沙泥岛。岸线长 300 米，面积 5 434 平方米。植被有草丛。

旦场仔岛 (Dànchǎngzǎi Dǎo)

北纬 19°16.8′、东经 108°40.2′。位于东方市昌化江河口，南距旦场园村海岸 30 米。因此岛西北紧邻旦场沙岛，且面积较小，第二次全国海域地名普查时命今名。沙泥岛。岸线长 157 米，面积 904 平方米。植被有草丛。

旦沙岛 (Dànshā Dǎo)

北纬 19°17.2′、东经 108°40.1′。位于东方市昌化江河口，北距旦场村海岸

50 米。因系旦场与旦场园之间的沙洲，第二次全国海域地名普查时命今名。沙泥岛。岸线长 1.56 千米，面积 0.094 8 平方千米。植被有草丛。

小旦沙岛 (Xiǎodànshā Dǎo)

北纬 19°16.9′、东经 108°40.1′。位于东方市昌化江河口，西南距旦场园村海岸 90 米。因北侧邻近旦沙岛且面积较小，第二次全国海域地名普查时命今名。沙泥岛。岸线长 914 米，29 030 平方米。植被有草丛。

时光坡岛 (Shíguāngpō Dǎo)

北纬 19°17.8′、东经 108°39.2′。位于东方市昌化江河口，南距海岸 470 米。又称时光坡、四光坡、刀拜。因岛四周均光秃，当地方言称“四光坡”（坡在当地为沙洲的意思），讹音“时光坡”。当地旦场村人又称之为“刀拜”。《海南省地图集》（2006）称为时光坡；《全国海岛名称与代码》（2008）称为时光坡岛。沙泥岛。岸线长 2.19 千米，面积 0.17 平方千米，最高点高程约 5.4 米。岛上有小屋、虾塘。

三角架 (Sānjiǎojià)

北纬 19°18.2′、东经 108°38.7′。位于东方市昌化江河口，西南距海岸 410 米。当地群众惯称。沙泥岛。岸线长 304 米，面积 5 696 平方米。植被有草丛。

过河园岛 (Guòhéyuán Dǎo)

北纬 19°19.2′、东经 108°39.9′。位于昌江黎族自治县昌化江河口，东南距海岸 30 米。又名过河园。自古村民从咸田到昌化买卖东西，都要途经此岛过河，故名。《海南省地图集》（2006）称为过河园；《全国海岛名称与代码》（2008）称为过河园岛。沙泥岛。岸线长 3.42 千米，面积 0.321 2 平方千米，最高点高程 5.1 米。2011 年常住人口 90 人，有养殖池塘，水电皆由杨柳村引入。

大河沙岛 (Dàhéshā Dǎo)

北纬 19°18.6′、东经 108°41.1′。位于昌江黎族自治县昌化江河口，距昌化镇大河村海岸 50 米。因系大河村附近海域的沙质岛，第二次全国海域地名普查时命今名。沙泥岛。岸线长 1.34 千米，面积 0.102 4 平方千米。无植被。

橹子石 (Lŭzĭ Shí)

北纬 19°20.3′、东经 108°40.0′。位于昌江黎族自治县昌化镇细眉角海岸外 190 米处。《中国海域地名图集》（1991）标注为橹子石。基岩岛。岸线长 72 米，面积 240 平方米。无植被。

橹仔岛 (Lŭzăi Dăo)

北纬 19°20.4′、东经 108°40.0′。位于昌江黎族自治县昌化镇细眉角海岸外 80 米处，西距橹子石 110 米。橹子石附近有 2 个小岛，此岛较小，第二次全国海域地名普查时命今名。基岩岛。岸线长 145 米，面积 744 平方米。无植被。

橹石岛 (Lŭshí Dăo)

北纬 19°20.4′、东经 108°39.9′。位于昌江黎族自治县昌化镇细眉角海岸外 50 米处，南距橹子石 100 米。橹子石附近有 2 个小岛，此岛距橹子石较近，第二次全国海域地名普查时命今名。基岩岛。岸线长 162 米，面积 1 045 平方米。

公爸石 (Gōngbà Shí)

北纬 19°27.1′、东经 108°49.8′。位于昌江黎族自治县海尾镇以北海岸外 550 米处。当地群众惯称公爸石，曾名公巴石。《海南省地图集》（2006）、2006 年海南省人民政府公布的第一批海岛名录、《全国海岛名称与代码》（2008）、《海南岛周边岛屿图册》（2009）均称为公爸石。基岩岛，岛体由花岗岩构成。岸线长 280 米，面积 4 999 平方米。周边海域养殖麒麟菜。

新港岛 (Xīn'găng Dăo)

北纬 19°29.4′、东经 108°56.5′。位于昌江黎族自治县珠碧江河口，东距海岸 60 米。因位于昌江县海尾镇新港内，第二次全国海域地名普查时命今名。沙泥岛。岸线长 1.9 千米，面积 0.14 平方千米。植被有灌木、草丛。有虾塘。

新港北一岛 (Xīn'găng Běiyī Dăo)

北纬 19°29.5′、东经 108°56.6′。位于昌江黎族自治县珠碧江河口，东距海岸约 220 米。该岛为新港岛北部 5 个沙质海岛之一，以面积大小排序，此岛面积最大，第二次全国海域地名普查时命今名。沙泥岛。岸线长约 800 米，面积约 10 000 平方米。岛上有废弃建筑。

新港北二岛 (Xīn'gǎng Běi'èr Dǎo)

北纬 19°29.6′、东经 108°56.4′。位于昌江黎族自治县珠碧江河口，东距海岸380米。该岛为新港岛北部5个沙质海岛之一，以面积大小排序，此岛面积第二，第二次全国海域地名普查时命今名。沙泥岛。岸线长294米，面积4 954平方米。植被有灌木、草丛。

新港北三岛 (Xīn'gǎng Běisān Dǎo)

北纬 19°29.6′、东经 108°56.6′。位于昌江黎族自治县珠碧江河口，东距海岸140米。该岛为新港岛北部5个沙质海岛之一，以面积大小排序，此岛面积第三，第二次全国海域地名普查时命今名。沙泥岛。岸线长417米，面积4 390平方米。植被有灌木、草丛。

新港北四岛 (Xīn'gǎng Běisì Dǎo)

北纬 19°29.5′、东经 108°56.5′。位于昌江黎族自治县珠碧江河口，东距海岸220米。该岛为新港岛北部5个沙质海岛之一，以面积大小排序，此岛面积第四，第二次全国海域地名普查时命今名。沙泥岛。岸线长264米，面积4 003平方米。植被有灌木、草丛。

新港北五岛 (Xīn'gǎng Běiwǔ Dǎo)

北纬 19°29.6′、东经 108°56.4′。位于昌江黎族自治县珠碧江河口，东距海岸390米。该岛为新港岛北部5个沙质海岛之一，以面积大小排序，此岛面积第五，第二次全国海域地名普查时命今名。沙泥岛。岸线长215米，面积2 776平方米。植被有灌木、草丛。

珠碧沙岛 (Zhūbìshā Dǎo)

北纬 19°29.6′、东经 108°57.3′。位于昌江黎族自治县珠碧江河口，南距海岸130米。因其为珠碧江入海口处的沙质岛，第二次全国海域地名普查时命今名。沙泥岛。岸线长564米，面积4 698平方米。植被有灌木、草丛。

海头岛 (Hǎitóu Dǎo)

北纬 19°30.2′、东经 108°56.7′。隶属于儋州市，位于珠碧江入海口，西北距珠碧江口300米。当地群众惯称海头岛。《全国海岛名称与代码》(2008)

称为海头岛。岸线长 6.43 千米，面积 1.991 7 平方千米。岛呈鲫鱼形，为海积－冲积平原，主要由河流冲积物－草甸土组成，地势平坦。周边海域盛产红鱼、石斑鱼、马鲛鱼、鲳鱼等。有居民海岛，为海头镇人民政府驻地。辖那历、新市、南港等 3 个村庄（社区）。2011 年户籍人口约 7 900 人，常住人口约 7 900 人。该岛属半渔半农经济区。农业主产水稻、甘蔗。有红洋水库、海头糖厂。水陆交通方便，东南部和北部各有一座桥梁与陆地相连，海头港可通海南岛沿海各港口。

大港岛 (Dàgǎng Dǎo)

北纬 19°29.8′、东经 108°57.2′。位于儋州市珠碧江河口，西北距海头岛 30 米。因此岛面积较大，靠近一渔港，第二次全国海域地名普查时命今名。沙泥岛。岸线长 658 米，面积 19 514 平方米。

小港岛 (Xiǎogǎng Dǎo)

北纬 19°29.7′、东经 108°57.3′。位于儋州市珠碧江河口，西北距海头岛 20 米。因处大港岛南边且面积较小，第二次全国海域地名普查时命今名。沙泥岛。岸线长 233 米，面积 2 005 平方米。

红坎岛 (Hóngkǎn Dǎo)

北纬 19°30.8′、东经 108°56.7′。位于儋州市海头镇红坎村海岸外 20 米处。因处红坎村附近海域，第二次全国海域地名普查时命今名。沙泥岛。岸线长 674 米，面积 23 643 平方米。植被有草丛。

红坎西岛 (Hóngkǎn Xīdǎo)

北纬 19°30.7′、东经 108°56.6′。位于儋州市海头镇红坎村海岸外 260 米处。因处红坎村西侧海域，第二次全国海域地名普查时命今名。沙泥岛。岸线长 499 米，面积 5 453 平方米。植被有草丛。有人工搭建的简易构筑物 1 个。

红坎东岛 (Hóngkǎn Dōndǎo)

北纬 19°30.7′、东经 108°56.8′。位于儋州市海头镇红坎村海岸外 50 米处。因处红坎村东侧海域，第二次全国海域地名普查时命今名。沙泥岛。岸线长 1.14 千米，面积 0.0 249 平方千米。植被有草丛。

白牛石（Báiniú Shí）

北纬 19°34.2′、东经 108°59.8′。位于儋州市海头镇那向村海岸外 70 米处。当地传说黎母仙姑赶牛路过观音角，观音在牛身上抽了两鞭，牛便化作石头凝固于此，即为白牛石。基岩岛。岸线长 60 米，面积 229 平方米。无植被。

白牛北岛（Báiniú Běidǎo）

北纬 19°34.3′、东经 108°59.8′。位于儋州市海头镇那向村海岸外 90 米处。因处白牛石北侧，第二次全国海域地名普查时命今名。基岩岛。岸线长 6 米，面积 3 平方米。无植被。

白牛南岛（Báiniú Nándǎo）

北纬 19°34.2′、东经 108°59.8′。位于儋州市海头镇那向村海岸外 90 米处。因处白牛石南侧，第二次全国海域地名普查时命今名。基岩岛。岸线长 7 米，面积 3 平方米。无植被。

小白牛岛（Xiǎobáiniú Dǎo）

北纬 19°34.2′、东经 108°59.8′。位于儋州市海头镇那向村海岸外 90 米处。因处白牛石附近，且岛体较小，第二次全国海域地名普查时命今名。基岩岛。岸线长 4 米，面积 1 平方米。无植被。

寨西岛（Zhàixī Dǎo）

北纬 19°35.3′、东经 109°01.1′。位于儋州市海头镇寨村海岸外 40 米处。因处寨村西侧海域，第二次全国海域地名普查时命今名。基岩岛。岸线长 55 米，面积 190 平方米。无植被。

寨东岛（Zhàidōng Dǎo）

北纬 19°35.3′、东经 109°01.1′。位于儋州市海头镇寨村海岸外 60 米处。因处寨村东侧海域，第二次全国海域地名普查时命今名。基岩岛。岸线长 147 米，面积 964 平方米。无植被。

海河头岛（Hǎihétóu Dǎo）

北纬 19°35.6′、东经 109°01.8′。位于儋州市海头镇寨村海岸外 140 米处。当地群众惯称。基岩岛。岸线长 167 米，面积 693 平方米。无植被。

海河尾岛 (Hǎihéwěi Dǎo)

北纬 19°35.5′、东经 109°01.8′。位于儋州市海头镇寨村海岸外 40 米处。因地理位置与海河头岛相近，第二次全国海域地名普查时命今名。基岩岛。岸线长 236 米，面积 1 147 平方米。无植被。

大铲尾 (Dàchǎn Wěi)

北纬 19°40.1′、东经 109°05.1′。位于儋州市排浦镇排浦港海岸外 5.55 千米处。因位于大铲礁南面海域，当地习惯以北为头、以南为尾，故名。珊瑚岛。岸线长 2.21 千米，面积 0.067 1 平方千米，最高点高程 2 米。无植被。

大沙 (Dà Shā)

北纬 19°40.1′、东经 109°05.6′。位于儋州市排浦镇排浦港海岸外 5.13 千米处。当地群众惯称。沙泥岛。岸线长 744 米，面积 24 354 平方米。无植被。

排湾岛 (Páiwān Dǎo)

北纬 19°38.7′、东经 109°09.0′。位于儋州市排浦镇大江河口东岸外 200 米处。因处排浦镇附近一个海湾的湾口处，第二次全国海域地名普查时命今名。沙泥岛。岸线长 924 米，面积 31 711 平方米。无植被。

新马岛 (Xīnmǎ Dǎo)

北纬 19°43.1′、东经 109°17.6′。位于儋州市新州镇英进村海岸外 330 米处。因处新马大桥附近海域，第二次全国海域地名普查时命今名。沙泥岛。岸线长 821 米，面积 24 352 平方米。植被有灌木、草丛。岛上建有多口养殖池塘和多间房屋，水电从岛外引入。

英隆岛 (Yīnglóng Dǎo)

北纬 19°42.9′、东经 109°17.5′。位于儋州市新州镇英隆村海岸外 330 米处。因处英隆村附近海域，第二次全国海域地名普查时命今名。沙泥岛。岸线长 486 米，面积 8 319 平方米。植被有灌木、草丛。

英隆北岛 (Yīnglóng Běidǎo)

北纬 19°43.0′、东经 109°17.5′。位于儋州市新州镇英隆村海岸外 350 米处。因处英隆岛北侧，第二次全国海域地名普查时命今名。沙泥岛。岸线长 596 米，面积 7 299 平方米。植被有草丛。有简易木棚 1 座。

英隆南岛 (Yīnglóng Nándǎo)

北纬 19°42.7′、东经 109°17.5′。位于儋州市新州镇英隆村海岸外 470 米处。因处英隆岛南侧，第二次全国海域地名普查时命今名。沙泥岛。岸线长 92 米，面积 454 平方米。植被有灌木。有废弃养殖池塘。

赤坎岛 (Chìkǎn Dǎo)

北纬 19°41.8′、东经 109°18.0′。位于儋州市新州镇赤坎村海岸外 70 米处。因处赤坎村附近海域，第二次全国海域地名普查时命今名。沙泥岛。岸线长 160 米，面积 1 473 平方米。植被有灌木、草丛。

绿坎岛 (Lǜkǎn Dǎo)

北纬 19°41.5′、东经 109°18.2′。位于儋州市新州镇赤坎村海岸外 30 米处。因处赤坎滩南边，且岛上绿色植物众多，第二次全国海域地名普查时命今名。沙泥岛。岸线长 519 米，面积 6 009 平方米。

下访地岛 (Xiàfǎngdì Dǎo)

北纬 19°46.4′、东经 109°15.8′。位于儋州市三都镇石屋村海岸外 40 米处。当地群众惯称。基岩岛。岸线长 176 米，面积 2 271 平方米。岛上遗存晒盐的大石块和方砖铺的路面。

水流岛 (Shuǐliú Dǎo)

北纬 19°45.7′、东经 109°14.6′。位于儋州市三都镇水流村海岸外 20 米处。因处水流村海域，故名。基岩岛。岸线长 241 米，面积 3 176 平方米，最高点高程 2.8 米。长有乔木、草丛。有养殖池塘 1 口，水电从岛外引入。

冠英岛 (Guànyīng Dǎo)

北纬 19°45.6′、东经 109°14.2′。位于儋州市洋浦经济开发区冠英村海岸外 80 米处。因处冠英村附近海域，第二次全国海域地名普查时命今名。基岩岛。岸线长 225 米，面积 2 993 平方米。

海踢岛 (Hǎitī Dǎo)

北纬 19°45.6′、东经 109°13.9′。位于儋州市洋浦经济开发区海踢村海岸外

90 米处。因处海踢村附近海域，第二次全国海域地名普查时命今名。沙泥岛。岸线长 1.02 千米，面积 0.044 3 平方千米。植被有灌木、草丛。有养殖塘 1 口，水电从岛外引入。

雷车岛 (Léichē Dǎo)

北纬 19°45.2′、东经 109°13.7′。位于儋州市洋浦经济开发区雷车村海岸外 20 米处。因处雷车村附近海域，第二次全国海域地名普查时命今名。基岩岛。岸线长 1.63 千米，面积 0.111 9 平方千米。有遗留的晒盐石 1 处。

古盐岛 (Gǔyán Dǎo)

北纬 19°44.3′、东经 109°12.9′。位于儋州市洋浦经济开发区盐田村海岸外 70 米处。因位于古晒盐田间，第二次全国海域地名普查时命今名。基岩岛。岸线长 400 米，面积 9 186 平方米。植被有灌木、草丛。位于儋州市重点文物保护单位和旅游景点“洋浦古盐田”内。

夏兰岛 (Xiàlán Dǎo)

北纬 19°44.6′、东经 109°10.4′。位于儋州市洋浦经济开发区夏兰村海岸外 40 米处。因处夏兰村海域，第二次全国海域地名普查时命今名。基岩岛。岸线长 537 米，面积 13 692 平方米。植被有灌木、乔木。岛上有拜神台 1 座。

夏兰南岛 (Xiàlán Nándǎo)

北纬 19°44.5′、东经 109°10.4′。位于儋州市洋浦经济开发区夏兰村海岸外 150 米处。因处夏兰岛南边，第二次全国海域地名普查时命今名。基岩岛。岸线长 309 米，面积 5 649 平方米。植被有灌木、草丛。有一小段堤坝。

网沙墩 (Wǎnshā Dūn)

北纬 19°44.7′、东经 109°10.4′。位于儋州市洋浦经济开发区夏兰村海岸外 160 米处。当地群众惯称。基岩岛。岸线长 648 米，面积 15 912 平方米。无植被。

山猫岛 (Shānmāo Dǎo)

北纬 19°51.2′、东经 109°13.3′。位于儋州市峨蔓镇盐丁村海岸外 90 米处。当地群众惯称。基岩岛。岸线长 1.25 千米，面积 0.065 5 平方千米。长有草丛。岛上有国家大地测绘控制点、遗留的晒盐石。

火车头岛 (Huǒchētóu Dǎo)

北纬 19°51.2′、东经 109°13.5′。位于儋州市峨蔓镇盐丁村海岸外 10 米处。因其由多个山头连成，如同火车一般，故名。基岩岛。岸线长 871 米，面积 13 571 平方米。

火车尾岛 (Huǒchēwěi Dǎo)

北纬 19°51.4′、东经 109°13.6′。位于儋州市峨蔓镇盐丁村海岸外 30 米处。因位置与火车头岛相对，第二次全国海域地名普查时命今名。基岩岛。岸线长 259 米，面积 3 793 平方米。植被有灌木、草丛。

火车头东岛 (Huǒchētóu Dōngdǎo)

北纬 19°51.2′、东经 109°13.5′。位于儋州市峨蔓镇盐丁村海岸外 80 米处。因处火车头岛东侧，第二次全国海域地名普查时命今名。基岩岛。岸线长 495 米，面积 8 154 平方米。

火车尾南岛 (Huǒchēwěi Nándǎo)

北纬 19°51.3′、东经 109°13.5′。位于儋州市峨蔓镇盐丁村海岸外 80 米处。因处火车尾岛南侧海域，第二次全国海域地名普查时命今名。基岩岛。岸线长 376 米，面积 7 332 平方米。

小火车岛 (Xiǎohuǒchē Dǎo)

北纬 19°51.3′、东经 109°13.5′。位于儋州市峨蔓镇盐丁村海岸外 210 米处。因处火车头岛附近且面积较小，第二次全国海域地名普查时命今名。基岩岛。岸线长 187 米，面积 1 859 平方米。植被有草丛及较多仙人掌，周围零星分布红树。

尖石 (Jiān Shí)

北纬 19°51.4′、东经 109°13.5′。位于儋州市峨蔓镇灵返村海岸外 200 米处。当地群众惯称尖石。2006 年海南省人民政府公布的第一批海岛名录、《全国海岛名称与代码》(2008)、《海南岛周边岛屿图册》(2009) 均称为尖石。基岩岛。岛呈长条形，东—东北走向，最长处 86 米，最宽处 48 米，面积 4 183 平方米，岸线长 320 米。植被有灌木、草丛。

盐沙墩 (Yánshā Dūn)

北纬 19°51.4′、东经 109°13.5′。位于儋州市峨蔓镇灵返村海岸外 120 米处。因该地区晒盐所需的沙子都取自该岛，故名。基岩岛。岸线长 168 米，面积 1 390 平方米。植被有灌木。

盐沙南岛 (Yánshā Nándǎo)

北纬 19°51.3′、东经 109°13.5′。位于儋州市峨蔓镇灵返村海岸外 80 米处。因处盐沙墩南侧海域，第二次全国海域地名普查时命今名。基岩岛。岸线长 151 米，面积 845 平方米。植被有草丛。

云钉岛 (Yúndīng Dǎo)

北纬 19°51.4′、东经 109°13.5′。位于儋州市峨蔓镇灵返村海岸外 170 米处。因形似渔民造船用的钉子，第二次全国海域地名普查时命今名。基岩岛。岸线长 189 米，面积 2 224 平方米。无植被。

低地岛 (Dīdì Dǎo)

北纬 19°51.4′、东经 109°13.5′。位于儋州市峨蔓镇灵返村海岸外 110 米处。因该岛地势较周边大陆低，第二次全国海域地名普查时命今名。基岩岛。岸线长 128 米，面积 1 143 平方米。无植被。

九墩 (Jiǔ Dūn)

北纬 19°51.4′、东经 109°13.6′。位于儋州市峨蔓镇灵返村海岸外 50 米处。因岛由九个墩状石头围绕而成，故名。基岩岛。岸线长 145 米，面积 1 122 平方米。与周围岛屿之间建有围堤用于养殖。无植被。

六江岛 (Liùjiāng Dǎo)

北纬 19°51.5′、东经 109°13.9′。位于儋州市峨蔓镇灵返村海岸外 10 米处。因退潮时海水从岛内向外分六个方向流出，像六条江水，第二次全国海域地名普查时命今名。基岩岛。岸线长 176 米，面积 2 176 平方米。

望石 (Wàn Shí)

北纬 19°51.5′、东经 109°13.9′。位于儋州市峨蔓镇灵返村海岸外 100 米处。《中国海域地名图集》（1991）标注为望石。基岩岛。岸线长 459 米，面积

8 241 平方米。植被有灌木。

灵北岛（Língběi Dǎo）

北纬 19°51.5′、东经 109°13.9′。位于儋州市峨蔓镇灵返村海岸外 50 米处。因处灵返村港口北面海域，第二次全国海域地名普查时命今名。基岩岛。岸线长 95 米，面积 456 平方米。植被有灌木。

灵南岛（Língnán Dǎo）

北纬 19°51.1′、东经 109°13.9′。位于儋州市峨蔓镇灵返村海岸外 30 米处。因处灵返村港口南面海域，第二次全国海域地名普查时命今名。基岩岛。岸线长 245 米，面积 3 572 平方米。植被有灌木。

小迪岛（Xiǎodí Dǎo）

北纬 19°50.9′、东经 109°14.3′。隶属于儋州市峨蔓镇灵返村海岸外 290 米处。因岛上有名为小迪村的村庄，故名。基岩岛。岸线长 2.22 千米，面积 0.12 平方千米。有居民海岛。2011 年户籍人口 300 人，常住人口 50 人。建有祠堂 1 座，有小块耕地。有淡水井 1 口，用水主要来自岛外，电力也由岛外引入。

小迪东岛（Xiǎodí Dōngdǎo）

北纬 19°50.8′、东经 109°14.3′。位于儋州市小迪岛海岸外 90 米处。因处小迪村东侧海域，第二次全国海域地名普查时命今名。基岩岛。岸线长 271 米，面积 4 163 平方米。植被有草丛。

土羊角（Tǔyángjiǎo）

北纬 19°54.7′、东经 109°17.4′。位于儋州市峨蔓镇鱼骨港海岸外 370 米处。该岛位于土羊村附近海域，故名。《全国海岛名称与代码》（2008）称为土羊角。基岩岛。岸线长 918 米，面积 0.04 平方千米，最高点高程 6.6 米。其养殖池塘与陆地相连。

土羊南岛（Tǔyáng Nándǎo）

北纬 19°54.7′、东经 109°17.5′。位于儋州市峨蔓镇鱼骨港海岸外 10 米处。因处土羊角南侧，第二次全国海域地名普查时命今名。基岩岛。岸线长 288 米，面积 417 平方米。

土羊东岛 (Tǔyáng Dōngdǎo)

北纬 19°54.7′、东经 109°17.5′。位于儋州市峨蔓镇鱼骨港海岸外 40 米处。因处土羊角东侧，第二次全国海域地名普查时命今名。沙泥岛。岸线长 120 米，面积 896 平方米。植被有灌木、草丛。与周围岛屿之间建有围堤用于养殖。

土羊小岛 (Tǔyáng Xiǎodǎo)

北纬 19°54.7′、东经 109°17.5′。位于儋州市峨蔓镇鱼骨港海岸外 80 米处。因处土羊角旁且面积较小，第二次全国海域地名普查时命今名。基岩岛。岸线长 66 米，面积 256 平方米。植被有灌木、草丛。与周围岛屿之间建有围堤用于养殖。

虾岛 (Xiā Dǎo)

北纬 19°54.7′、东经 109°17.6′。位于儋州市峨蔓镇鱼骨港海岸外 20 米处。因常有虾群聚集于附近海域而得名。基岩岛。岸线长 200 米，面积 2 627 平方米。植被有灌木、草丛。与周围岛屿之间建有围堤用于养殖。

石冲岛 (Shíchōng Dǎo)

北纬 19°54.7′、东经 109°17.6′。位于儋州市峨蔓镇鱼骨港海岸外 10 米处。因处海中水沟处，退潮时海水将许多小石子冲到岛上而得名。基岩岛。岸线长 505 米，面积 10 064 平方米。植被有灌木、草丛。通过填海与附近海岛相连，岛上有石塔 1 座。

时辰岛 (Shíchén Dǎo)

北纬 19°54.6′、东经 109°17.6′。位于儋州市峨蔓镇鱼骨港海岸外 160 米处。因常有人夜晚到此岛边休息边等待退潮后捕捞鱼虾，故名。基岩岛。岸线长 226 米，面积 2 438 平方米，最高点高程 6 米。植被有灌木、草丛。有养殖池塘和房屋，水电为岛外引入。

时辰北岛 (Shíchen Běidǎo)

北纬 19°54.6′、东经 109°17.6′。位于儋州市峨蔓镇鱼骨港海岸外 60 米处。因处时辰岛北侧，第二次全国海域地名普查时命今名。基岩岛。岸线长 138 米，面积 1 138 平方米。植被有灌木、草丛。与周围岛屿之间建有围堤用于养殖。

大沙岛 (Dàshā Dǎo)

北纬 19°54.6′、东经 109°17.7′。位于儋州市峨蔓镇鱼骨港海岸外 90 米处。该处有两座岛，岛周围沙子较多，该岛较大，第二次全国海域地名普查时命今名。基岩岛。岸线长 158 米，面积 1 152 平方米。植被有灌木、草丛。

小沙岛 (Xiǎoshā Dǎo)

北纬 19°54.6′、东经 109°17.6′。位于儋州市峨蔓镇鱼骨港海岸外 50 米处。该处有两座岛，岛周围沙子较多，该岛较小，第二次全国海域地名普查时命今名。基岩岛。岸线长 113 米，面积 854 平方米。

邻沙岛 (Línshā Dǎo)

北纬 19°54.6′、东经 109°17.7′。位于儋州市峨蔓镇鱼骨港海岸外 50 米处。因紧邻大沙岛和小沙岛，第二次全国海域地名普查时命今名。基岩岛。岸线长 132 米，面积 1 109 平方米，最高点高程 4.7 米。植被有灌木、草丛。

乾头岛 (Qiántóu Dǎo)

北纬 19°54.4′、东经 109°17.9′。位于儋州市峨蔓镇乾头村海岸外 40 米处。因处乾头村附近海域，第二次全国海域地名普查时命今名。基岩岛。岸线长 155 米，面积 1 674 平方米。

乾头北岛 (Qiántóu Běidǎo)

北纬 19°54.5′、东经 109°17.9′。位于儋州市峨蔓镇乾头村海岸外 30 米处。因处乾头岛北侧，第二次全国海域地名普查时命今名。基岩岛。岸线长 149 米，面积 1 261 平方米。植被有灌木。

乾头南岛 (Qiántóu Nándǎo)

北纬 19°54.3′、东经 109°17.8′。位于儋州市峨蔓镇乾头村海岸外 30 米处。因处乾头岛南侧，第二次全国海域地名普查时命今名。基岩岛。岸线长 87 米，面积 528 平方米。植被有灌木、草丛。

乾头西岛 (Qiántóu Xīdǎo)

北纬 19°54.3′、东经 109°17.8′。位于儋州市峨蔓镇乾头村海岸外 20 米处。因处乾头岛西侧，第二次全国海域地名普查时命今名。基岩岛。岸线长 171 米，面积 1 738 平方米。植被有灌木、草丛。

乾头东岛 (Qiántóu Dōngdǎo)

北纬 19°54.4′、东经 109°17.9′。位于儋州市峨蔓镇乾头村海岸外 30 米处。因处乾头岛东侧，第二次全国海域地名普查时命今名。基岩岛。岸线长 165 米，面积 1 755 平方米。

那陆岛 (Nàlù Dǎo)

北纬 19°54.8′、东经 109°18.8′。位于儋州市峨蔓镇那陆村海岸外 40 米处。因处那陆村附近海域，第二次全国海域地名普查时命今名。基岩岛。岸线长 366 米，面积 7 491 平方米。植被有灌木、草丛。岛上有坟墓和废弃盐田。

那陆北岛 (Nàlù Běidǎo)

北纬 19°54.8′、东经 109°18.9′。位于儋州市峨蔓镇那陆村海岸外 10 米处。因处那陆岛北侧，第二次全国海域地名普查时命今名。基岩岛。岸线长 510 米，面积 8 723 平方米。

那陆南岛 (Nàlù Nándǎo)

北纬 19°54.7′、东经 109°18.8′。位于儋州市峨蔓镇那陆村海岸外 40 米处。因处那陆岛南侧，第二次全国海域地名普查时命今名。基岩岛。岸线长 92 米，面积 545 平方米。植被有草丛。

那陆西岛 (Nàlù Xīdǎo)

北纬 19°54.8′、东经 109°18.7′。位于儋州市峨蔓镇那陆村海岸外 10 米处。因处那陆岛西侧，第二次全国海域地名普查时命今名。基岩岛。岸线长 138 米，面积 1 299 平方米。植被有灌木、草丛。

那陆东岛 (Nàlù Dōngdǎo)

北纬 19°54.7′、东经 109°18.9′。位于儋州市峨蔓镇那陆村海岸外 40 米处。因处那陆岛东侧，第二次全国海域地名普查时命今名。基岩岛。岸线长 185 米，面积 1 801 平方米。植被有灌木、草丛。

峨珍岛 (Ézhēn Dǎo)

北纬 19°53.2′、东经 109°21.0′。位于儋州市光村镇峨珍村海岸外 140 米处。因处峨珍村附近海域，第二次全国海域地名普查时命今名。基岩岛。岸线长 157 米，面积 1 532 平方米。建有房屋 1 间，岛外通过填海建有堤坝连到岛上用于养殖。水电从岛外引入。

塘坎角（Tángkǎnjiǎo）

北纬 19°53.5′、东经 109°22.4′。位于儋州市木棠镇塘坎村海岸外 210 米处。因处塘坎村附近海域而得名。沙泥岛。岸线长 319 米，面积 5 905 平方米。岛上有小庙 1 座。

石栏塘岛（Shílántáng Dǎo）

北纬 19°52.6′、东经 109°23.7′。位于儋州市木棠镇石栏塘村海岸外 80 米处。因处石栏塘村附近海域，第二次全国海域地名普查时命今名。基岩岛。岸线长 411 米，面积 5 007 平方米。植被有灌木、草丛。

麦宅岛（Màizhái Dǎo）

北纬 19°51.7′、东经 109°24.6′。位于儋州市木棠镇麦宅村海岸外 100 米处。因处麦宅村附近海域，第二次全国海域地名普查时命今名。沙泥岛。岸线长 459 米，面积 8 241 平方米。植被有灌木、草丛。岛周围建有炸岛时形成的养殖塘，建有房屋，水电从岛外引入。

沙井角（Shājǐngjiǎo）

北纬 19°52.1′、东经 109°26.2′。位于儋州市光村镇沙井村海岸外 120 米处。因其位于沙井村附近海域，故名。《全国海岛名称与代码》（2008）称为沙井角。基岩岛。岸线长 270 米，面积 3 083 平方米。植被有灌木。

二姐岛（Èrjiě Dǎo）

北纬 19°52.4′、东经 109°26.5′。位于儋州市光村镇兰山村海岸外 100 米处。相传几百年前有个美丽的姑娘叫二姐，她有一头漂亮的头发，每天早上都在此岛上梳头，故名。基岩岛。岸线长 200 米，面积 2 645 平方米。植被有灌木、草丛。

二姐西岛（Èrjiě Xīdǎo）

北纬 19°52.4′、东经 109°26.4′。位于儋州市光村镇兰山村海岸外 110 米处。因处二姐岛西侧，第二次全国海域地名普查时命今名。基岩岛。岸线长 194 米，面积 2 198 平方米。植被有灌木。

三姐岛 (Sānjiě Dǎo)

北纬 19°52.4′、东经 109°26.5′。位于儋州市光村镇兰山村海岸外 30 米处。位于二姐岛对面，相传几百年前有个美丽的姑娘叫三姐，她有一头漂亮的头发，每天早上都在此岛上梳头，故名。基岩岛。岸线长 298 米，面积 3 371 平方米。岛上有破损房屋 1 座及废弃晒盐田 1 处。

大头墩 (Dàtóu Dūn)

北纬 19°52.2′、东经 109°26.9′。位于儋州市光村镇兰山村海岸外 60 米处。当地群众惯称。基岩岛。岸线长 212 米，面积 3 189 平方米。植被有草丛，周围有成片红树林。

大头东岛 (Dàtóu Dōngdǎo)

北纬 19°52.2′、东经 109°26.9′。位于儋州市光村镇兰山村海岸外 170 米处。因处大头墩东侧，第二次全国海域地名普查时命今名。基岩岛。岸线长 159 米，面积 1 785 平方米。植被有灌木。

兰山岛 (Lánshān Dǎo)

北纬 19°51.8′、东经 109°26.9′。位于儋州市光村镇兰山村海岸外 50 米处。因处兰山村附近海域，第二次全国海域地名普查时命今名。沙泥岛。岸线长 359 米，面积 4 591 平方米。岛上有种植的木麻黄树林及遗留的晒盐田 1 处。

禄任岛 (Lùrèn Dǎo)

北纬 19°51.8′、东经 109°27.0′。位于儋州市光村镇禄任坡海岸外 170 米处。因处禄任坡附近海域，第二次全国海域地名普查时命今名。基岩岛。岸线长 256 米，面积 3 950 平方米，最高点高程 4 米。岛上有石屋 1 间。

横坝岛 (Héngbà Dǎo)

北纬 19°51.7′、东经 109°27.2′。位于儋州市光村镇英豪村海岸外 10 米处。因岛体如同一条水坝横贯在水道中，第二次全国海域地名普查时命今名。基岩岛。岸线长 151 米，面积 1 387 平方米，最高点高程 3 米。植被有灌木、草丛。

沙表头（Shābiǎotóu）

北纬 19°51.0′、东经 109°28.3′。位于儋州市光村镇巨雄村海岸外 120 米处。当地群众惯称。基岩岛。岸线长 71 米，面积 337 平方米。植被有灌木。

临南岛（Línnán Dǎo）

北纬 19°52.4′、东经 109°32.0′。位于临高县新盈镇头东村海岸外 170 米处。因系临高县最南端的海岛，第二次全国海域地名普查时命今名。沙泥岛。岸线长 1.51 千米，面积 0.01 平方千米。

黄龙岛（Huánglóng Dǎo）

北纬 19°55.0′、东经 109°32.3′。位于临高县调楼镇黄龙村海岸外 80 米处。因处黄龙村附近海域，第二次全国海域地名普查时命今名。沙泥岛。面积 20 平方米。无植被。

红石岛（Hóngshí Dǎo）

北纬 19°59.5′、东经 109°49.0′。位于临高县金牌经济开发区东港区海岸外 490 米处。曾名信夫昆。1956 年测制海图时根据岛上多红石之特征定名红石岛。《中国海域地名志》（1989）、2006 年海南省人民政府公布的第一批海岛名录、《全国海岛名称与代码》（2008 年）、《海南岛周边岛屿图册》（2009）均称为红石。基岩岛。岸线长 1.84 千米，面积 0.034 9 平方千米，最高点高程 3.7 米。植被有灌木、草丛。建有几口虾塘。

袅湾岛（Niǎowān Dǎo）

北纬 19°55.8′、东经 109°50.1′。位于临高县。第二次全国海域地名普查时命今名。沙泥岛。岸线长 700 米，面积 24 321 平方米。植被有灌木、草丛。岛西侧修建一小段人工围堤。

马袅岛（Mǎniǎo Dǎo）

北纬 19°56.6′、东经 109°51.4′。位于临高县博厚镇道灶村海岸外 80 米处。又名背昆、岸断咀、马袅屿。《中国海域地名志》（1989）载：“该岛位于马袅湾顶，又处马袅河口，故名。据调查，1605 年琼州大地震时岛西部断裂，与新安咀分开，人称岸断咀。”2006 年海南省人民政府公布的第一批海岛名录、

《海南岛周边岛屿图册》（2009）称为马袅岛。《全国海岛名称与代码》（2008）称为马袅屿。沙泥岛。岸线长 1.52 千米，面积 0.028 4 平方千米，最高点高程 3.9 米。岛上有废弃的鱼塘和房屋。种有木麻黄防护林。

雷公岛 (Léigōng Dǎo)

北纬 19°59.2′、东经 109°52.9′。位于澄迈县桥头镇道伦村海岸外 150 米处。曾名雷公角。因附近陆上有雷公岭而得名。《中国海域地名志》（1989）、2006 年海南省人民政府公布的第一批海岛名录、《全国海岛名称与代码》（2008）、《海南岛周边岛屿图册》（2009）均称为雷公岛。基岩岛。岸线长 1.03 千米，面积 0.041 2 平方千米，最高点高程 14 米。岛上遍种海防林，岛北侧有废弃碉堡 1 座。

林诗岛 (Línshī Dǎo)

北纬 19°59.6′、东经 109°56.6′。位于澄迈县桥头镇林诗村海岸外 120 米处。因处林诗村附近海域而得名。《中国海域地名志》（1989）、2006 年海南省人民政府公布的第一批海岛名录、《全国海岛名称与代码》（2008）、《海南岛周边岛屿图册》（2009）均称为林诗岛。基岩岛。岸线长 156 米，面积 1 298 平方米，最高点高程 15.8 米。植被有灌木、草丛。岛上设有国家大地测绘控制点。

附录一

《中国海域海岛地名志·海南卷》未入志海域名录[1]

一、海湾

标准名称	汉语拼音	行政区	地理位置	
			北纬	东经
冯家湾	Féngjiā Wān	海南省	19°24.3′	110°42.5′
南渡江湾	Nándùjiāng Wān	海南省海口市美兰区	20°04.8′	110°22.6′
角头湾	Jiǎotóu Wān	海南省三亚市	18°21.7′	108°59.2′
红塘湾	Hóngtáng Wān	海南省三亚市	18°18.0′	109°16.7′
铁炉湾	Tiělú Wān	海南省三亚市	18°16.0′	109°43.5′
大东海	Dàdōng Hǎi	海南省三亚市	18°13.1′	109°31.1′
竹湾	Zhú Wān	海南省三亚市	18°12.9′	109°42.6′
小东海	Xiǎodōng Hǎi	海南省三亚市	18°12.6′	109°29.9′
坎秧湾	Kǎnyāng Wān	海南省三亚市	18°10.6′	109°35.0′
龙湾	Lóng Wān	海南省琼海市	19°18.1′	110°38.8′
潭门港	Tánmén Gǎng	海南省琼海市	19°14.1′	110°37.3′
博鳌港	Bó'áo Gǎng	海南省琼海市	19°08.9′	110°34.3′
沙美海	Shāměi Hǎi	海南省琼海市	19°07.1′	110°33.9′
峨蔓港	émàn Gǎng	海南省儋州市	19°51.8′	109°14.9′
木兰湾	Mùlán Wān	海南省文昌市	20°05.0′	110°43.3′
抱虎港	Bàohǔ Gǎng	海南省文昌市	19°59.6′	110°51.5′
八门湾	Bāmén Wān	海南省文昌市	19°36.8′	110°49.6′
大陆湾	Dàlù Wān	海南省文昌市	19°34.7′	110°54.7′
邦塘湾	Bāngtáng Wān	海南省文昌市	19°31.5′	110°51.2′
大花角湾	Dàhuājiǎo Wān	海南省万宁市	18°47.3′	110°31.6′
春园湾	Chūnyuán Wān	海南省万宁市	18°46.8′	110°30.0′
乌场港	Wūchǎng Gǎng	海南省万宁市	18°46.3′	110°28.7′

① 根据2018年6月8日民政部、国家海洋局发布的《中国部分海域海岛标准名称》整理。

标准名称	汉语拼音	行政区	地理位置	
			北纬	东经
老爷海	Lǎoye Hǎi	海南省万宁市	18°41.9′	110°24.1′
南燕湾	Nányàn Wān	海南省万宁市	18°40.1′	110°17.0′
日月湾	Rìyuè Wān	海南省万宁市	18°37.0′	110°11.9′
石梅湾	Shíméi Wān	海南省万宁市	18°36.9′	110°12.7′
通天港	Tōngtiān Gǎng	海南省东方市	18°58.1′	108°38.8′
感恩港	Gǎn’ēn Gǎng	海南省东方市	18°51.8′	108°38.0′
利章港	Lìzhāng Gǎng	海南省东方市	18°47.4′	108°40.4′
南港	Nán Gǎng	海南省东方市	18°45.2′	108°41.2′
东水港	Dōngshuǐ Gǎng	海南省澄迈县	19°58.7′	110°05.9′
美夏港湾	Měixià Gǎngwān	海南省临高县	19°60.0′	109°39.3′
博铺港	Bópū Gǎng	海南省临高县	19°58.9′	109°43.9′
抱吴港湾	Bàowú Gǎngwān	海南省临高县	19°56.6′	109°32.2′
黄龙港	Huánglóng Gǎng	海南省临高县	19°55.0′	109°31.8′
新盈港	Xīnyíng Gǎng	海南省临高县	19°53.4′	109°31.3′
棋子湾	Qízǐ Wān	海南省昌江黎族自治县	19°22.4′	108°42.0′
岭头湾	Lǐngtóu Wān	海南省乐东黎族自治县	18°40.8′	108°41.8′
莺歌海湾	Yīnggēhǎi Wān	海南省乐东黎族自治县	18°32.8′	108°40.5′
望楼港	Wànglóu Gǎng	海南省乐东黎族自治县	18°26.2′	108°51.3′
中灶湾	Zhōngzào Wān	海南省乐东黎族自治县	18°24.6′	108°56.4′
东锣湾	Dōngluó Wān	海南省乐东黎族自治县	18°23.8′	108°56.3′
龙沐湾	Lóngmù Wān	海南省乐东黎族自治县	18°17.4′	109°21.3′
香水湾	Xiāngshuǐ Wān	海南省陵水黎族自治县	18°32.9′	110°07.4′
水口港	Shuǐkǒu Gǎng	海南省陵水黎族自治县	18°29.8′	110°05.5′
土福湾	Tǔfú Wān	海南省陵水黎族自治县	18°23.7′	109°47.7′
外肚湾	Wàidù Wān	海南省陵水黎族自治县	18°22.9′	110°01.6′

二、水道

标准名称	汉语拼音	行政区	地理位置	
			北纬	东经
沙洲门	Shāzhōu Mén	海南省海口市美兰区	20°05.4′	110°22.7′
北水道	Běi Shuǐdào	海南省三亚市	18°15.1′	109°22.5′
中水道	Zhōng Shuǐdào	海南省三亚市	18°13.3′	109°23.1′
东水道	Dōng Shuǐdào	海南省三亚市	18°12.9′	109°24.2′
洋浦水道	Yángpǔ Shuǐdào	海南省儋州市	19°42.0′	109°09.8′
北水道	Běi Shuǐdào	海南省文昌市	20°20.6′	110°49.2′
内航门	Nèi Hángmén	海南省文昌市	20°10.3′	110°41.8′
南水道	Nán Shuǐdào	海南省文昌市	20°08.8′	110°43.1′
港北水道	Gǎngběi Shuǐdào	海南省万宁市	18°53.6′	110°30.4′
大门	Dà Mén	海南省陵水黎族自治县	18°24.8′	109°57.3′
二门	èr Mén	海南省陵水黎族自治县	18°24.6′	109°57.5′
三门	Sān Mén	海南省陵水黎族自治县	18°24.5′	109°57.8′

三、岬角

标准名称	汉语拼音	行政区	地理位置	
			北纬	东经
天尾角	Tiānwěi Jiǎo	海南省海口市秀英区	20°03.6′	110°09.4′
铁炉角	Tiělú Jiǎo	海南省三亚市	18°15.2′	109°44.5′
石离角	Shílí Jiǎo	海南省三亚市	18°12.8′	109°24.8′
竹湾角	Zhúwān Jiǎo	海南省三亚市	18°12.8′	109°43.5′
东海角	Dōnghǎi Jiǎo	海南省三亚市	18°11.7′	109°29.6′
打浪角	Dǎlàng Jiǎo	海南省三亚市	18°11.4′	109°29.3′
白虎角	Báihǔ Jiǎo	海南省三亚市	18°10.3′	109°37.1′
五伦角	Wǔlún Jiǎo	海南省儋州市	19°54.5′	109°19.6′
谢屋角	Xièwū Jiǎo	海南省儋州市	19°53.4′	109°22.5′
水平角	Shuǐpíng Jiǎo	海南省儋州市	19°53.3′	109°22.9′
南山角	Nánshān Jiǎo	海南省儋州市	19°52.2′	109°27.7′

标准名称	汉语拼音	行政区	地理位置	
			北纬	东经
沙井角	Shājǐng Jiǎo	海南省儋州市	19°52.1′	109°27.2′
白马井角	Báimǎjǐng Jiǎo	海南省儋州市	19°43.2′	109°12.7′
洋浦角	Yángpǔ Jiǎo	海南省儋州市	19°42.8′	109°10.2′
观音角	Guānyīn Jiǎo	海南省儋州市	19°35.0′	109°00.7′
潮滩角	Cháotān Jiǎo	海南省文昌市	20°02.6′	110°45.8′
石角	Shí Jiǎo	海南省文昌市	20°02.1′	110°34.2′
南山鼻	Nánshān Bí	海南省文昌市	20°01.2′	110°34.5′
铜鼓角	Tónggǔ Jiǎo	海南省文昌市	19°41.0′	111°01.5′
北角	Běi Jiǎo	海南省文昌市	19°25.2′	110°45.1′
牛角尾	Niújiǎo Wěi	海南省万宁市	18°40.0′	110°19.6′
玉包角	Yùbāo Jiǎo	海南省澄迈县	19°59.6′	109°56.5′
道伦角	Dàolún Jiǎo	海南省澄迈县	19°59.3′	109°53.2′
头友角	Tóuyǒu Jiǎo	海南省澄迈县	19°58.0′	109°52.5′
大雅角	Dàyǎ Jiǎo	海南省临高县	19°59.0′	109°49.7′
美览角	Měilǎn Jiǎo	海南省临高县	19°58.4′	109°50.3′
乐好角	Lèhǎo Jiǎo	海南省临高县	19°57.5′	109°50.5′
道辽角	Dàoliáo Jiǎo	海南省临高县	19°53.9′	109°31.0′
岭头角	Lǐngtóu Jiǎo	海南省乐东黎族自治县	18°41.1′	108°41.7′
望楼角	Wànglóu Jiǎo	海南省乐东黎族自治县	18°26.3′	108°51.5′
猪仔头	Zhūzǎi Tóu	海南省陵水黎族自治县	18°22.7′	110°00.9′

四、河口

标准名称	汉语拼音	行政区	地理位置	
			北纬	东经
珠碧江口	Zhūbìjiāng Kǒu	海南省	19°29.5′	108°57.4′
演州河口	Yǎnzhōuhé Kǒu	海南省海口市美兰区	19°54.9′	110°38.2′
英州河口	Yīngzhōuhé Kǒu	海南省三亚市	18°23.4′	109°49.1′
藤桥河口	Téngqiáohé Kǒu	海南省三亚市	18°23.3′	109°45.8′

标准名称	汉语拼音	行政区	地理位置	
			北纬	东经
大茅水河口	Dàmáoshuǐ Hékǒu	海南省三亚市	18°15.3′	109°34.2′
三亚河口	Sānyàhé Kǒu	海南省三亚市	18°14.1′	109°29.8′
新园水河口	Xīnyuánshuǐ Hékǒu	海南省琼海市	19°14.0′	110°37.4′
光村水河口	Guāngcūnshuǐ Hékǒu	海南省儋州市	19°49.6′	109°28.3′
北门江口	Běiménjiāng Kǒu	海南省儋州市	19°45.6′	109°18.0′
春江口	Chūnjiāng Kǒu	海南省儋州市	19°41.7′	109°18.2′
排浦江口	Páipǔjiāng Kǒu	海南省儋州市	19°38.2′	109°09.3′
山鸡江口	Shānjījiāng Kǒu	海南省儋州市	19°30.5′	108°57.4′
珠溪河口	Zhūxīhé Kǒu	海南省文昌市	20°01.3′	110°36.6′
宝陵河口	Bǎolínghé Kǒu	海南省文昌市	19°41.1′	111°00.7′
文教河口	Wénjiàohé Kǒu	海南省文昌市	19°38.9′	110°54.2′
石壁河口	Shíbìhé Kǒu	海南省文昌市	19°24.9′	110°42.5′
龙滚河口	Lónggǔnhé Kǒu	海南省万宁市	19°05.5′	110°33.7′
龙首河口	Lóngshǒuhé Kǒu	海南省万宁市	18°52.9′	110°28.9′
龙尾河口	Lóngwěihé Kǒu	海南省万宁市	18°52.5′	110°27.6′
太阳河口	Tàiyánghé Kǒu	海南省万宁市	18°44.6′	110°27.1′
北黎河口	Běilíhé Kǒu	海南省东方市	19°09.3′	108°40.3′
罗带河口	Luódàihé Kǒu	海南省东方市	19°04.1′	108°37.5′
通天河口	Tōngtiānhé Kǒu	海南省东方市	18°58.1′	108°38.8′
感恩河口	Gǎn'ēnhé Kǒu	海南省东方市	18°51.5′	108°38.5′
南港河口	Nángǎnghé Kǒu	海南省东方市	18°45.2′	108°41.1′
花场河口	Huāchǎnghé Kǒu	海南省澄迈县	19°55.1′	109°57.4′
文澜河口	Wénlánhé Kǒu	海南省临高县	19°58.2′	109°44.1′
马袅河口	Mǎniǎohé Kǒu	海南省临高县	19°56.4′	109°51.0′
南罗溪口	Nánluóxī Kǒu	海南省昌江黎族自治县	19°29.0′	108°56.4′
白沙溪口	Báishāxī Kǒu	海南省乐东黎族自治县	18°38.5′	109°41.9′
佛罗河口	Fóluóhé Kǒu	海南省乐东黎族自治县	18°34.8′	108°41.1′

标准名称	汉语拼音	行政区	地理位置	
			北纬	东经
望楼河口	Wànglóuhé Kǒu	海南省乐东黎族自治县	18°26.3′	108°51.9′

五、滩

标准名称	汉语拼音	行政区	地理位置	
			北纬	东经
双滩	Shuāng Tān	海南省海口市	20°04.7′	110°13.3′
白沙浅滩	Báishā Qiǎntān	海南省海口市美兰区	20°06.8′	110°26.7′
尖滩	Jiān Tān	海南省海口市美兰区	20°05.7′	110°22.1′
点墩沙	Diǎndūn Shā	海南省儋州市	19°45.7′	109°15.3′
冠英滩	Guànyīng Tān	海南省儋州市	19°45.6′	109°14.4′
新英滩	Xīnyīng Tān	海南省儋州市	19°45.3′	109°15.6′
鸡胸沙	Jīxiōng Shā	海南省儋州市	19°45.2′	109°14.2′
百两沙	Bǎiliǎng Shā	海南省儋州市	19°44.6′	109°13.9′
福村沙	Fúcūn Shā	海南省儋州市	19°43.5′	109°13.9′
洋浦沙	Yángpǔ Shā	海南省儋州市	19°43.3′	109°11.4′
嘴头沙	Zuǐtóu Shā	海南省儋州市	19°43.0′	109°12.5′
北方浅滩	Běifāng Qiǎntān	海南省文昌市	20°19.7′	110°55.9′
西方浅滩	Xīfāng Qiǎntān	海南省文昌市	20°16.7′	110°40.3′
南方浅滩	Nánfāng Qiǎntān	海南省文昌市	20°12.4′	110°51.5′
西南浅滩	Xīnán Qiǎntān	海南省文昌市	20°11.1′	110°36.6′
出水浅滩	Chūshuǐ Qiǎntān	海南省文昌市	20°08.7′	110°46.0′
钱坑滩	Qiánkēng Tān	海南省文昌市	20°06.8′	110°43.4′
墩头沙	Dūntóu Shā	海南省东方市	19°13.4′	108°34.2′
墩头浅滩	Dūntóu Qiǎntān	海南省东方市	19°11.8′	108°34.0′
通天沙	Tōngtiān Shā	海南省东方市	18°59.4′	108°27.0′
北沟沙	Běigōu Shā	海南省东方市	18°55.3′	108°31.5′
感恩沙	Gǎn’ēn Shā	海南省东方市	18°51.4′	108°31.5′
风丘沙	Fēngqiū Shā	海南省东方市	18°45.8′	108°34.5′

标准名称	汉语拼音	行政区	地理位置	
			北纬	东经
马沙	Mǎ Shā	海南省澄迈县	19°56.4′	110°00.6′
红牌沙	Hóngpái Shā	海南省临高县	19°59.6′	109°49.0′
黄鳝沙	Huángshàn Shā	海南省临高县	19°59.5′	109°49.9′
浅水沙	Qiǎnshuǐ Shā	海南省乐东黎族自治县	18°40.6′	108°36.6′
尖螺沙	Jiānluó Shā	海南省乐东黎族自治县	18°35.1′	108°38.6′
二行沙	èrháng Shā	海南省乐东黎族自治县	18°32.7′	108°32.6′
横面沙	Héngmiàn Shā	海南省乐东黎族自治县	18°30.0′	108°36.1′
罗马沙	Luómǎ Shā	海南省乐东黎族自治县	18°23.1′	108°52.9′
大门沙	Dàmén Shā	海南省陵水黎族自治县	18°24.6′	109°57.5′
二门沙	èrmén Shā	海南省陵水黎族自治县	18°24.5′	109°57.7′

附录二

《中国海域海岛地名志·海南卷》索引

E

J

P

Q

R

S

W

X

Y

Z